Füllfederhalter

REGINA MARTINI

Füllfederhalter

fotografiert
von Harald Grotowsky

Weltbild

Die Autorin dankt folgenden Personen für die Unterstützung bei der Manuskriptherstellung: Frau Hammad (Fa. Faber-Castell), Frau Heuer (Fa. Lamy), Frau Duchna-Voyatzis (Fa. Montblanc), Frau Nagel (Fa. Parker), Frau Führmann (Fa. Pelikan), Frau Gorke (Fa. Rotring), Frau Grübel (Fa. Sheaffer), Herrn Zimmerlein (Fa. Waterman) und dem Ehemann Renato für seine Geduld.

Wichtiger Hinweis:
Die angegebenen Preise sind DM-Preise!

Genehmigte Lizenzausgabe für Verlagsgruppe Weltbild GmbH, Steinerne Furt, 86167 Augsburg

Veröffentlicht im Battenberg Verlag.
Umschlaggestaltung: Studio Höpfner-Thoma, München
Umschlagmotiv: gettyimages
Fotos: Harald Grotowsky, Pelikan-Archiv, Montblanc Archiv (Foto Medici, Foto Oscar Wilde).
Alle Fotos des Katalogteils Sammlung Martini
Layout: Armin Tichacek
Gesamtherstellung: Offizin Andersen Nexö Leipzig GmbH –
ein Unternehmen der Union Verwaltungsgesellschaft, Spenglerallee 26 – 30, 04442 Zwenkau

Printed in Germany

ISBN 3-8289-0795-4

2006 2005 2004 2003
Die letzte Jahreszahl gibt die aktuelle Lizenzausgabe an.

Inhaltsverzeichnis

Einleitung

Was bringt so viele Menschen dazu, etwas zu sammeln? Von jeher steckt im Menschen ein Urinstinkt, Dinge zu erwerben, Tauschmaterial zu besitzen, Werte zu schaffen.

Gesammelt wird alles, was man sich denken kann. Die bekanntesten Sammlergebiete sind wohl Briefmarken und Münzen, Schmuck (speziell Armbanduhren), Teppiche und Möbel. Doch auch Dinge des Alltags werden mit Vorliebe gesammelt. So gibt es ebenfalls Liebhaber für Bierdeckel, Zündholzetiketten, Feuerzeuge... um nur mal ein paar zu nennen.

Seit einigen Jahren nimmt die Beliebtheit des Füllhalters in Deutschland stetig zu. Gab es doch in den frühen Achtzigern nur eine Handvoll ernstzunehmender Sammler dieser sicherlich historisch interessanten Materie, so hat sich die Anzahl der Schreibgerätesammler und Füllhalterbegeisterten bis heute wahrscheinlich verhundertfacht.

Woraus resultiert nun die Beliebtheit des Füllhalters? Was macht die Faszination des Sammelns aus? Ist es einfach nur der Hang zum Nostalgischen? Ist es das Streben nach Vervollständigung bestimmter Bereiche? Oder ist es ein Zurückversetzen in die gute alte Zeit? Tatsache ist, Handgeschriebenes gewinnt heute im Zeitalter der Computertechnik wieder mehr an Bedeutung. Nicht nur was geschrieben wird, sondern wie es geschrieben wird, zählt. Dafür genügt nicht nur ein einfacher Kugelschreiber, stilecht muß es sein, mindestens mit einem Füllhalter, bevorzugt einem historischen.

Auswahl gibt es mittlerweile genug. Selbst bei Neuproduktionen orientieren sich die meisten Firmen an ihren alten Klassikern, und legen diese wieder neu auf. Interessanter sind natürlich die alten Originale. Sie vermitteln ein Flair, das man nur nachempfinden kann, wenn man sich enthusiastisch mit den Schreibgeräten auseinandersetzt.

Der Füllhalter: Was für Schicksale verbergen sich hinter ihm? Wie viele Liebesbriefe mag er schon geschrieben haben? Unter welchen Umständen wechselte er seinen Besitzer? Wenn er erzählen könnte...

So liegen nun Tausende von ihm in festen Sammlungen und werden ehrfurchtsvoll behandelt und geliebt, ganz so wie es ihm gebührt!

Aspekte des Sammelns

Füllfederhalter kann man unter verschiedenen Aspekten sammeln. Da es tausende von Schreibgeräten gibt, konzentrieren sich viele Sammler z. B. auf bestimmte Marken. Das kann zum Beispiel Parker sein; allein von dieser Marke die gesamte Produktpalette von 1888 bis heute aufzuführen würde aber schon den Rahmen eines einzelnen Buches sprengen. So hatte die Firma in den zwanziger Jahren teilweise bis zu 400 Modelle auf dem Markt!

Neben Parker sind die renomiertesten Firmen: Montblanc, Pelikan, Waterman und Sheaffer. Kaum ein Sammler, der nicht mindestens Produkte von einer dieser Firmen sammelt. Aber auch zusammentragen diverser Schreibgeräte von nur einer Firma kann so umfangreich und teuer und zeitaufwendig sein, daß es zum Inhalt eines ganzen Leben werden kann.

Andere Sammler jagen nur nach Füllern aus einem bestimmten Land. Wer deutsche Füller sammelt, sucht Produkte dieser Firmen: Montblanc, Pelikan, Kaweco, Soennecken, Osmia, Faber Castell, Geha, Lamy, Rotring etc.

Sammlerobjekte aus Amerika stammen meist aus diesen Häusern: Waterman, Parker, Wahl-Eversharp, Sheaffer, Conklin, etc.

Die Sammler der englischen Füller suchen: Parker, Conway Stewart, Swan, Waterman, Onoto etc.

Sammler der italienischen Schreibgeräte suchen Füller von: Omas, Aurora etc. Außerhalb Italiens sind diese Füller aber weniger bekannt.

Sammler der französischen Schreibgeräte suchen Füller von: Waterman, Edacoto, Bayard etc. Diese sind aber in Deutschland, mit Ausnahme von Waterman, nicht so populär.

Fängt man also an zu sammeln, sollte man sich genau überlegen, nach welchen Richtlinien man sammeln möchte. Wahrscheinlich wird jeder Neuling erst mal das in seine Sammlung aufnehmen, was er gerade findet, um sich später, nachdem er weiß, was die einzelnen Firmen zu welcher Zeit produziert haben, zu spezialisieren.

Eine weitere Möglichkeit der Spezialisierung ist das Sammeln von Füllern aus bestimmten Jahrzehnten. Mit am farbenfrohesten und am interessantesten sind sicherlich die Füllhalter der zwanziger und dreißiger Jahre. Aber auch Füller der vierziger Jahre sind von Design und Farbgebung her noch recht interessant.

Die Firmen haben immer schon unterschiedliche Modelle für die diversen Länder herausgebracht. Das hängt mit den verschiedenen Produktionsstätten, aber auch mit der Mentalität des jeweiligen Landes zusammen.

So gibt es beispielsweise in Frankreich andere Waterman-Füllhalter in anderen Farben als in Deutschland.

Parker numerierte einige Schreibgeräte für den italienischen Markt und legte jeweils ein ebenfalls numeriertes Zertifikat anbei; auf dem deutschen Markt gab es das nicht. Cross bringt zur Zeit in Amerika einen Füllhalter mit vergoldeter Stahlfeder heraus, den es in Deutschland nur mit Goldfeder gibt (Collection Townshend).

Es lohnt sich also, auch über die eigenen Grenzen hinaus zu schauen und zu suchen, wenn man nach Varianten zu den am eigenen Markt angebotenen Füllern sucht.

Dieses Buch geht nur auf die Firmengeschichten von fünf Firmen ein – von solchen eben, deren Produkte am meisten gesammelt werden.

Dafür bietet dieses Buch einen großen Abbildungsteil mit Produktbeschreibungen und Preisangaben und läßt dem Leser offen, nach welchen Gesichtspunkten er seine Sammlung aufbaut und entwickelt. Die Konzentration auf bestimmte Gebiete, Epochen oder Marken ergibt sich dann von allein beim Aufbau der Sammlung.

Egal, wie und was Sie sammeln, das wichtigste ist immer die Freude am einzelnen Objekt.

Bewertungskriterien und Entwicklung der Preise

Leider sind mit steigender Popularität des Füllhalters auch die Preise drastisch gestiegen. War es doch früher möglich, ein interessantes Stück für ein paar Mark auf dem Antik- und Flohmarkt zu erwerben, muß man heute, je nach Marke, schon viel tiefer ins Portemonnaie greifen. Oftmals gehen viele Händler auch von falschen Preisvorstellungen aus, die häufig durch das Vergleichen mit heutigen Modellen zustande kommen.

Als Beispiel sei hier ein Produktvergleich von Montblanc genannt; diese Firma hat früher, im Gegensatz zu heute, auch niedrigpreisige Modelle – sogar Schulfüllhalter verkauft. Da sich jedoch die Preispolitik und Modellvielfalt geändert, sprich in den hochpreisigen Bereich verlagert hat, neigen viele Händler dazu, auch die alten, oft recht einfachen Stücke überzubewerten. Für diese Händler, vor allem aber für den gutgläubigen Sammler, ist dieses Buch gemacht, welches auch einen Einblick über die tatsächlichen Preise vermittelt.

Die *angegebenen Preise im Katalogteil beziehen sich jeweils auf Stücke in perfekter Erhaltung;* das heißt, der Füller besitzt alle Originalteile, und es handelt sich um ein Stück, was zwar schon benutzt worden sein kann, jedoch keine Gebrauchsspuren aufweist. Hierauf entfallen 100% des angegebenen Preises. Solche Stücke zu bekommen, ist recht schwierig, da die meisten Füllhalter, zumindest vom Tintenfüllsystem her, defekt sind.

50% des angegebenen Preises sind realistisch, wenn das Stück gröbere Mängel aufweist, z. B. die Feder nicht mehr original ist, der Clip fehlt, der Tintenleiter gebrochen ist, die Kappe gerissen ist oder der Füller durch auslaufende Tinte verfärbt worden ist.

20% des Wertes können gezahlt werden, wenn der Füller nur noch als Ersatzteil zu gebrauchen ist. So kann beispielsweise die komplette Kappe ausgetauscht worden sein oder z. B. der Schaft Brandlöcher haben.

Im letzteren Falle sollten Sie gut abwägen, ob sich die Geldausgabe für ein solches, sicherlich sammelunwürdiges Schreibgerät überhaupt lohnt.

Sollten Sie einmal ein Schreibgerät in Originalverpackung mit originaler Preisauszeichnung bekommen, würde das je nach Alter des Gerätes sogar einen Preisaufschlag von ca. 50% auf den Katalogpreis rechtfertigen!

Das vorliegende Buch will und kann keinen Komplettpreisführer darstellen, dafür gibt es einfach zu viele Schreibgeräte. Jedoch kann es Ihnen bei Ihrer Entscheidung helfen und Ihnen den tatsächlichen Wert Ihres Schreibgerätes nennen, damit Sie nicht auf irgendwelche »Mondpreise« hereinfallen müssen.

Zunehmend werden historische Schreibgeräte auch über reguläre Einzelhandelsgeschäfte bzw. Warenhäuser verkauft. Hier liegen die Preise natürlich höher, weil diese Geschäfte eben andere Preiskalkulationen haben. Jedoch bekommt der Kunde hier zumindest die gesetzliche Garantie, und das ist auch schon etwas mehr wert.

Bewertet werden in diesem Katalog über 1800 Schreibgeräte der Marken Parker, Swan, Montblanc, Pelikan, Waterman und Sheaffer. Aber auch hier in Deutschland etwas unbekanntere Marken wie z. B. Conway Stewart, Mentmore, Wearever, Wahl-Eversharp etc. werden berücksichtigt. Die Preisnotierungen basieren auf internationalen Auktionsergebnissen sowie auf persönlichen Erfahrungen. Manche Schreibgeräte werden schwerer zu finden sein, andere haben Sie sicherlich schon in Ihrer Sammlung. Gleichzeitig kann dieses Buch auch als Nachschlagewerk für die von den Firmen produzierten Füller verwendet werden. Ergänzend zu den historischen Schreibgeräten werden ebenfalls auch aktuelle Modelle abgebildet, die heute in den Geschäften erhältlich sind. Diese sind in der Spalte Sammlerwert mit LP (unverbindlicher Ladenpreis, Stand August 1994) gekennzeichnet. Diese Angabe spiegelt keinesfalls den Sammlerwert wieder, vielmehr mag hierbei jeder für sich entscheiden, ob das Schreibgerät ihm soviel wert ist. Wie Sie dieses Buch auch benutzen, es klärt über Schreibgeräte und Preise auf!

Bei Firmen, deren Produkte im eigenen Preisteil vorgestellt werden, wurde Gründung- bzw. Schließungsdatum, soweit nachvollziehbar, angegeben. Die Jahreszahlen der Modelle geben das Einführungsjahr an, bzw. ein Jahr in welchem das Modell lief. Bei circa (ca.) -Angaben war es nicht möglich, konkretere Angaben zu machen, jedoch können Sie davon ausgehen, daß die Füller in dieser Zeit verkauft worden sind. Alle Angaben sind nach meinem derzeitigen Wissenstand gemacht. Alle Modelle auf die verwiesen wird, die nicht abgebildet sind, haben mir vorgelegen oder sind mir bekannt. Eine Vollständigkeit ist hier natürlich auszuschließen.

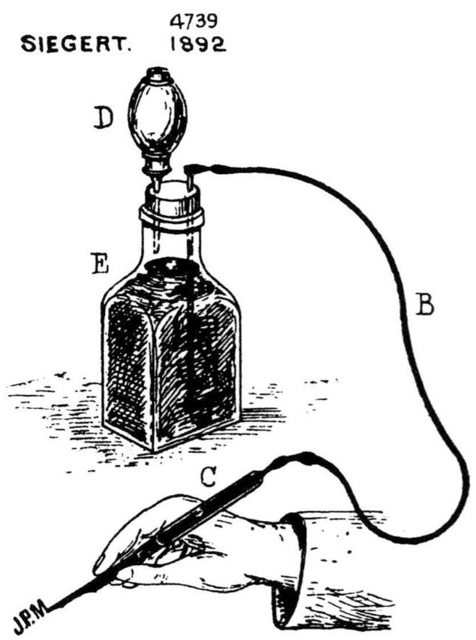

Vorschlag von H. Siegert aus dem Jahr 1892, über einen Gummischlauch einen »Schreiber« mit Tinte zu versorgen. Damit war eine der wichtigsten Forderungen der Unabhängigkeit vom Tintenfaß aber nicht erfüllt.

Die Tintenfüllsysteme

Eigentlich ist diese Überschrift etwas irreführend. Denn am Anfang der Geschichte des Füllfederhalters stand nicht nur das Problem, die Tinte in den Füllhalter zu bekommen, sondern auch, wie die Tinte ohne zu tropfen und herauszulaufen in dem gefüllten »Halter« blieb und entsprechend dem Schreibbedarf und in der richtigen Menge wiederabzugeben.

Das »Tintenfüllsystem« hatte also eine dreifache Aufgabe:

1. die Tinte aufzunehmen,
2. im Schreibinstrument zu halten,
3. in der richtigen Dosierung über die Feder wieder abzugeben, wenn die Feder zum Schreiben benötigt wird.

In den Füllhaltern, die heute Sammelstücke sind, finden sich diese Systeme, die den oben genannten Anforderungen alle mehr oder weniger perfekt genügen:

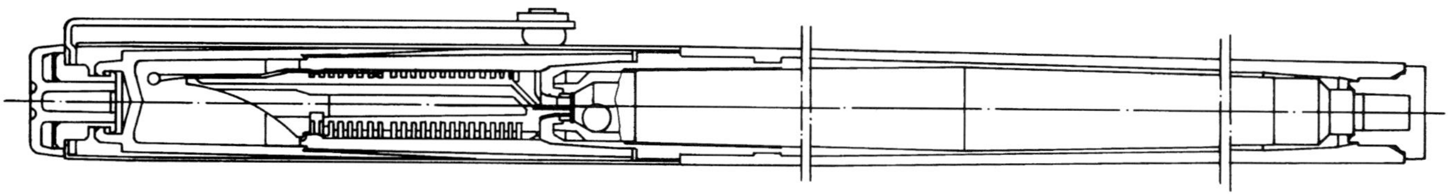

Jif-Waterman in Frankreich erfand die Tintenpatrone...
...die heute von fast allen Herstellern benutzt wird. Hier ein Querschnitt durch einen modernen Patronenfüller.

Patrone: Mit Tinte gefülltes Plastikteil, welches nach Gebrauch ausgewechselt wird. Die seit den 60er Jahren bekannteste und bequemste Art, Füllhalter zu füllen. Leider gibt es keinen einheitlichen Standard. Viele Firmen haben ihre eigene Norm.

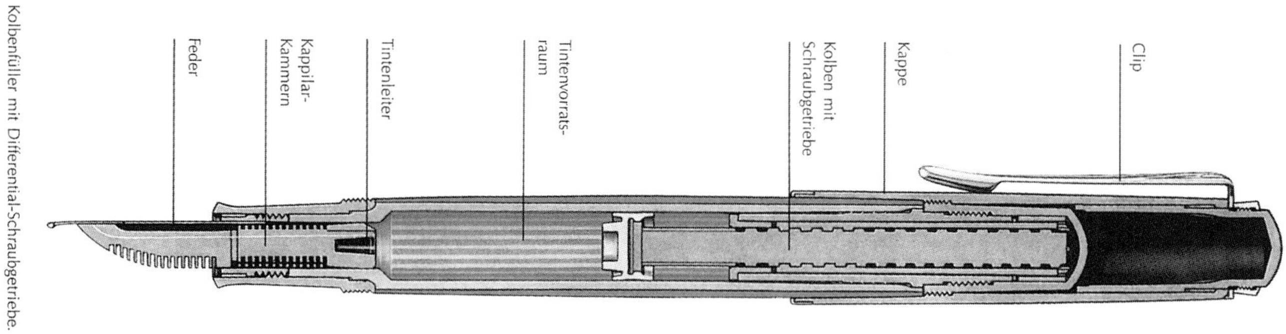

Kolbenfüllhalter – Kolben mit Schraubgetriebe

Kolben: Die Tinte wird durch Drehen des Kolbens, am hinteren Teil des Füllhalters, aufgezogen. Das Kolbensystem wird seit 1929 von Pelikan gebaut. Viele Firmen haben es übernommen. Früher waren die Kolben aus Kork, heute werden sie aus Kunststoff gefertigt, und können nicht mehr verschleißen.

Konverter: Wiederaufladbare Patrone. Der Tintentank wird anstelle der Patrone eingesetzt. Mittels dem Konverter kann lose Tinte benutzt werden. Es kann jederzeit auf Patrone umgestiegen werden.

Den Konverter gibt es auch mit einem Drehmechanismus, ähnlich dem des Kolbens (z. B. bei Waterman), aber auch mit Ziehmechanismus (Parker) und einem Druckmechanismus (Sheaffer).

Hebel: (Lever Filler) Seitlich am Füller befindet sich ein Hebel. Unter diesem ist von innen eine Spange befestigt, die auf einen Gummisack drückt. Man hält die Feder in die Tinte, und zieht den Hebel bis maximal zum rechten Winkel hoch. Es entsteht ein Sog auf den Gummisack. Diesen Vorgang wiederholt man 3 bis 4 Mal, dann ist der Schlauch gefüllt. Dieses System wurde in den 20er Jahren erfunden, und noch in den 60ern verkauft. Dieser Füllmechanismus war üblich bei Waterman, Swan, Wahl-Eversharp, Conway Stewart u. a.

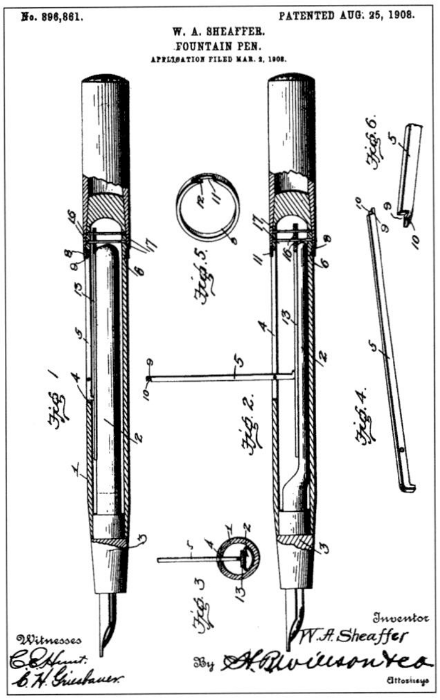

Das Patent der Fa. Sheaffer für einen Schlauchfüller mit Hebel

Druckknopffüller: (Button Filler) Hierbei wird am Ende des Füllers das Verschlußstück abgedreht. Unter diesem befindet sich ein Druckknopf mit Spange und Gummisack. Durch Herunterdrücken des Druckknopfes wird Tinte aufgesogen. Das System war ebenfalls üblich in den 20er Jahren und später, und wurde von Parker, Montblanc und diversen englischen Firmen gebaut.

Sicherheitshalter: (Safety) Hierbei wird die Feder zum Schreiben herausgedreht und nach Beendigung des Vorgangs wieder zurückgeschraubt. Das Nachfüllen der Tinte erfolgt in halb herausgedrehtem Zustand. Benutzt wurde das System u. a. von Waterman, Montblanc und Soennecken.

Snorkel: Durch Drehen am Ende des Füllers wird ein unter der Feder befindliches Röhrchen herausgedreht. Dieses wird in die Tinte geführt. Durch herunter- und heraufschieben des Drehsystems wird der Füllvorgang ausgelöst. Dieses System hatte nur Sheaffer.

Kapillarsystem: Dieses System wurde beim Parker »61« verwandt; eine am Tintenleiter befestigte Patrone wurde in die Tinte gestellt, automatisch sog diese sich mit Tinte voll.

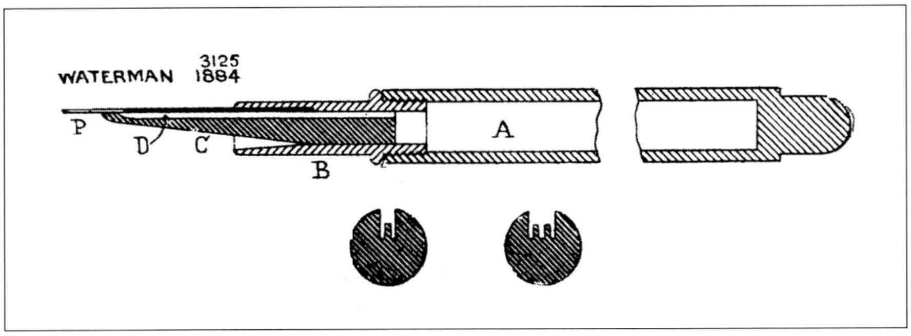

Watermans erster Füllhalter: die beiden Querschnitte durch den Tintenleiter zeigen die Kapillare für Luft- und Tintenzufuhr.

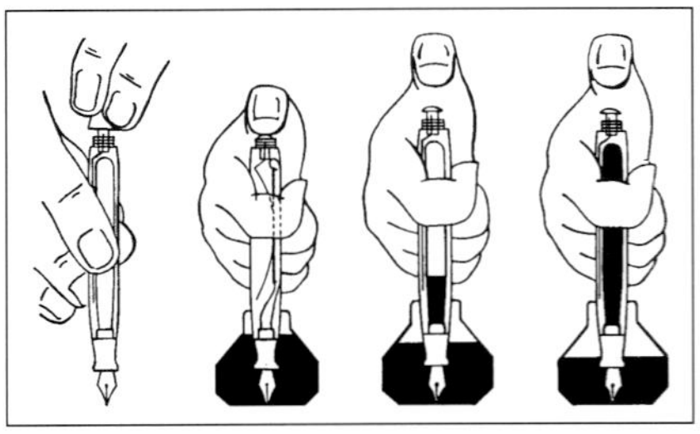

Parkers Druckfüller und wie er funktionierte: Knopf drücken, bis 10 zählen, loslassen – der Füller ist gefüllt.

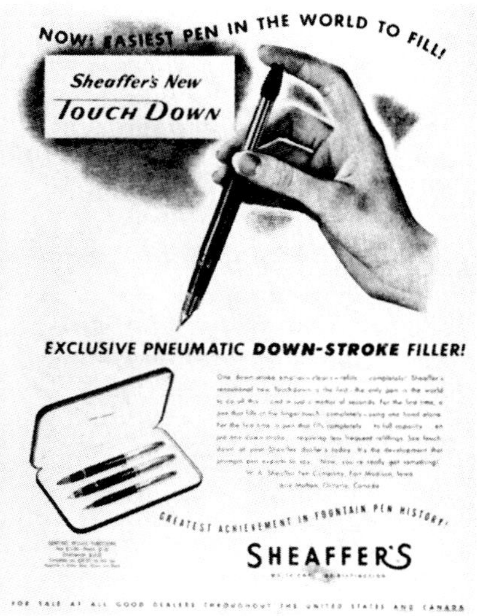

Werbung für Sheaffers neuen Touch-Down-Füller von 1949

Eyedropper: Ein im Prinzip systemloser Füllhalter. Es waren die ersten Füllhalter überhaupt, die ohne Tintenfüllsystem im herkömmlichen Sinne gefüllt wurden. Es wurde einfach der Schaft vom Federmundstück abgedreht und abgezogen. Alsdann goß man die Tinte in den Schaft. Dieses System stammt noch aus dem letzten Jahrhundert. Fast alle älteren englischen und amerikanischen Firmen haben so angefangen (Waterman, Parker u. a.).

Stoßfüller: Dieses System ist ähnlich dem Buttonfiller, jedoch kann das Verschlußkäppchen nicht ganz abgeschraubt werden (Montblanc).

Vacumatic: Erfindung von Parker. Füller dieses Systems konnten 102% mehr Tinte aufsaugen als die damals üblichen Systeme. Ansonsten war das System auch wieder ähnlich dem Buttonfiller, jedoch mit einem wesentlich größeren Tintenvolumen.

Touch Down: Am Füllhalterende wird das zu drehende Stück aufgedreht, und dann durch herauf- und herunterschieben desselben, Tinte aufgesogen. Das System benutzte Sheaffer in den 40er bis 60er Jahren.

Leverless: Dieses System wurde von Swan in den 30er Jahren verwandt. Wie beim Hebelfüller befand sich ein Gummisack im Schaft, der sich durch Drehen am Schaftende zusammendrückte und Tinte entleerte, bzw. einfüllte. Im Gegensatz zum Hebelfüller besaß der Leverless keinen Hebel mehr.

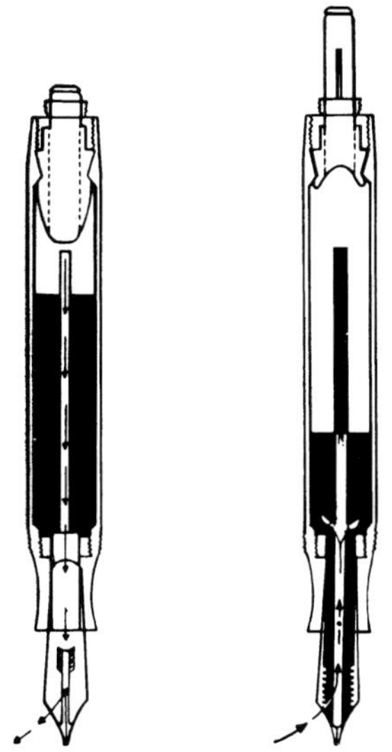

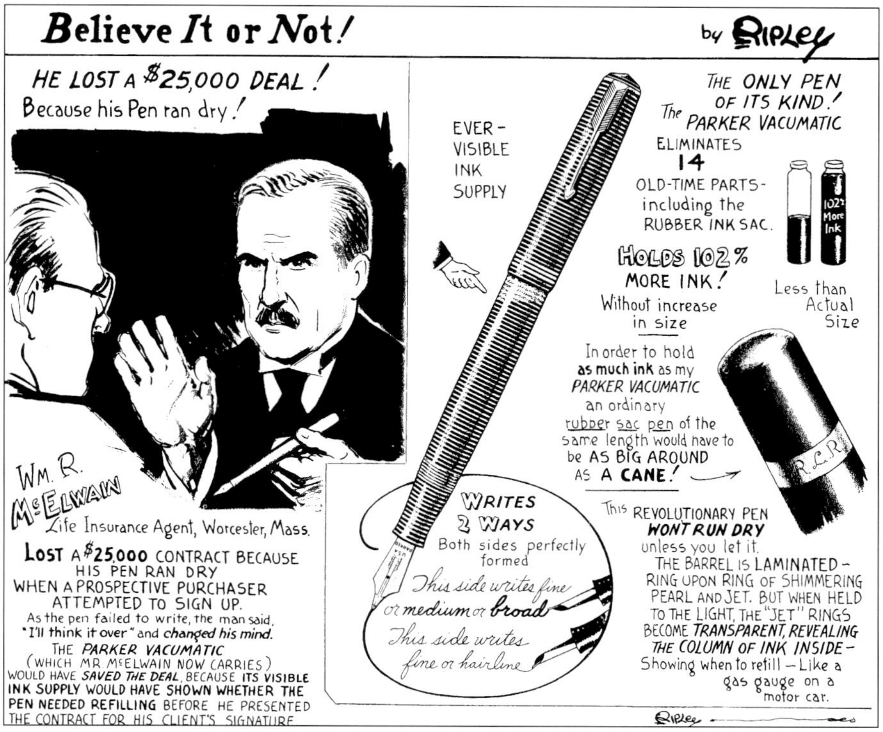

»Glaub es oder glaub es nicht«! – 102% mehr Tinte als mit herkömmlichen Systemen konnte Parkers Vacumatic-Füller aufnehmen. Oben ein Querschnitt durch Parkers Vacumatic: Durch Knopfdruck entsteht im Schaft ein Vakuum, in das durch ein Röhrchen im Tintenleiter Tinte eingesaugt wird.

Montblanc Firmengeschichte

Im Jahr 1908 wurde in Hamburg die »Simplo Filler Pen Company« gegründet. Der Handelsregistereintrag lautete: »Manufactors of High Class Gold and Fountain Pens«; in diesem Namen war bereits die Firmendevise auf Qualität enthalten. Die Teilhaber waren August Eberstein, Alfred Nehemias, Max Koch und Claus Johannes Voß. 1909 wurde der erste Füllhalter der Firma Simplo auf den Markt gebracht. Er hieß »Rouge et noir«. Es war ein Sicherheitshalter, bei dem die Feder zum Gebrauch herausgedreht und nach Beendigung des Schreibvorgangs wieder zurückgedreht wurde. Parallel dazu wurden ebenfalls Umsteckhalter gebaut, die nach Abschrauben des Mundstückes mittels einer Pipette gefüllt wurden.

Schon am Anfang des Bestehens der Firma wurden Niederlassungen in Paris, London und Barcelona gegründet. 1909 trat der Gesellschafter Max Koch, dem der Erfolg der Firma zu Kopf gestiegen war, und der sich kaum noch um die Firma kümmerte, aus; dafür trat Christian Lausen in die Firma ein und aus Simplo wurde eine Gesellschaft mit beschränkter Haftung. Im selben Jahr verstarb Alfred Nehemias während einer geschäftlichen Besprechung in Paris an einem Herzinfarkt. 1910 trat dafür Wilhelm Dziambor, der schon Erfahrungen in der Schreibwarenbranche gesammelt hatte, in die Firma ein. Ebenfalls 1910 wurde der erste »Montblanc«-Füllhalter gebaut. 1913 wurde der Stern als Markenzeichen eingetragen, 1914 das Unternehmen in »Simplo Füllfeder Gesellschaft« umbenannt, 1919 trat Ernst Rösler in die Firma ein und wurde von den Gebrüdern Stöffhaas das erste »Montblanc-Fachgeschäft« eröffnet. 1921 verließ der damalige Fabrikleiter Illgner das Unternehmen und gründete seine eigene Firma »Astoria« welche jedoch 1932 von Montblanc wieder aufgekauft wurde. 1934 erfolgte eine weitere Umbenennung der Firma, welche fortan hieß: »Montblanc Simplo GmbH«.

Von 1921 bis 1929 wurden auch Hebelfüllhalter produziert. 1924 wurde das »Meisterstück« mit lebenslanger Garantie auf dem Markt eingeführt, im selben Jahr wie der Kompressorfüllhalter – eine Art Hebelfüllhalter, jedoch mit schlitzlosem Schaft, – der sich aber auf dem deutschen Markt nicht durchsetzte und daher in den Firmenlisten nicht erwähnt wird. 1928 wurden die ersten farbigen »Meisterstücke« produziert.

1929 brachte Montblanc die ersten Stoß- und Druckknopffüllhalter auf den Markt.

1933 wird der Pix Druckbleistift eingeführt. Schon 1924 hatte man sich an Bleistiften versucht; diese waren auf Grund der komplizierten Mechanik ein Mißerfolg.

1934 erscheint der erste Kolbenfüllhalter, obwohl Montblanc vorgibt, ihn schon 1921 getestet zu haben. Nun wird die Meisterstückserie als Kolbenfüller gebaut. 1938 wird auch das restliche Sortiment auf Kolben umgestellt. 1935 starb Claus Johannes; Voß und K. Voß Junior traten ins Unternehmen ein. 1936 schied Wilhelm Dziambor aus und sein Sohn rückte an seine Stelle.

1937 wurde Ernst Rößler Gesellschafter.

1947 wurden Montblanc Füller ebenfalls in Dänemark gebaut. Bei diesen wurde hauptsächlich das Stoßfüllersystem verwandt; deswegen gibt

»Dem Flug Ihrer Gedanken…« Montblancs gut gestylte Werbung für ein elegantes Produkt.

es viele gleiche Montblanc-Modelle mit unterschiedlichen Füllsystemen, je nachdem, wo sie produziert worden sind. Die Fertigung in Dänemark dauerte bis 1957.

1952 wurde der erste Tintenkugelschreiber, der Vorläufer des zukünftigen Rollerballs, eingeführt.

1955 brachte Montblanc die Flügelfeder (z.B. im Modell 252, 254, 256) auf den Markt. Auch die Meisterstückserie, fast in der heutigen Ausführung, lief mit großem Erfolg. Es gab sogar vier Größen; 142-144-146-149 (vgl. Seite 11). Außerdem wurden sie in verschiedenen Farben sowie mit Walzgold Kappe (642 und 644) als auch mit Silvré Kappe (auch als 642 und 644), und in vollvergoldet sowie 14 Karat Gold (beide gekennzeichnet als 742 und 744) produziert. Heute sind nur noch drei Größen im Handel (142-144-146). Zu dem klassischen »Meisterstück« wurde 1959 eine weitere Meisterstückserie hinzugefügt, vergleichbar im Design mit der späteren »Classic Serie«, jedoch mit einer verdeckten 18 Karat Feder ausgestattet. Dieser Halter trug die Bezeichnung 12 und 14 (vergl. Seite 16) (je nach Größe), und gab es auch mit vergoldeter Kappe (72 und 74), vollvergoldet (82 und 84) und in 14 Karat Gold (92 und 94). Als Ergänzung dazu gab es ebenfalls den passenden Bleistift und Kugelschreiber zu kaufen.

1973 wird der »Noblesse« eingeführt, ein Schreibgerät, welches designmäßig aus der bis heute üblichen Produktlinie herausfällt, weil sie ganz in Metall gehalten ist.

1977 erwarb Dunhill den Mehrheitsanteil von »Montblanc«. 1985 übernahm Dunhill die restlichen Anteile der alten Gesellschafter. 1988 wurde das komplette Sortiment in den hochpreisigen Bereich verlagert. Schulfüllhalter, wie die Carrera Serie, oder gängige Modelle, wie z. B. S-Linie und Noblesse, wurden ersatzlos gestrichen. Montblanc produzierte noch hauptsächlich »Meisterstücke«, diese in Sterling Silber, vergoldet und Massivgold (Solitaire), und Classicmodelle. Die neue Noblesse Serie wurde eingeführt, welche nur noch wenig an die alte erinnerte.

1991 wurde die Stiftung »Montblanc de la Culture« ins Leben gerufen, welche 1992 erstmalig einen Förderpreis in Form eines 18-karätigen Füllhalters vergab. Dieser Preis wird einmal im Jahr an Künstler vergeben, die in den Bereichen Kunst, Musik, Theater oder Literatur Bemerkenswertes geleistet haben. Den gleichen Füllhalter, wie er als Preis vergeben wird, bietet Montblanc auch im Handel an, allerdings nicht in Gold, sondern in Sterling Silber oder Vermeil, d. i. Sterling Silber vergoldet. Auf Grund der guten Verkaufserfolge gibt es neben diesen limitierten Füllhaltern auch noch andere limitierte Stücke. (Siehe hierzu Kapitel »Limitierte Füllhalter-Editionen [Seite 31 f.]). Weitere werden folgen!

Das Montblanc Numerierungssystem

Bis 1929 waren die Sicherheitshalter von 00 bis 12 durchnumeriert, diese Ziffer gab die Federgröße an. Es gab folgende Größen: 00-0-1-2-4-5-6-7-8-10 und 12. Der Zusatz k stand für Kurzformat, lg für lange Ausführung.

Bis 1934 waren die Sicherheitshalter wie folgt beschriftet:
12, 5, 12,5k – 15 – 17,5k und 19,75.

1932 bis 1934 kam die preisgünstige 3er Serie dazu, in den Ausführungen a – b und c.

Die »Meisterstücke« trugen bis 1934 die Bezeichnungen:
20 – 25 – 30 – 35 – 40 und 45.

1935 bis 1947 erfolgte die Numerierung als dreier Zahlengruppe.

Die Hunderterstelle bedeutete:
1. = Meisterstück
2. = 2. Qualität
3. = Studentenfüller
4. = Stylograph

Die Zehnerstelle bedeutete:
0. = Sicherheitshalter
2. = Druckknopf- und Stoßfüllhalter
3. = Kolbenfüllhalter

Die Einerstelle bedeutete:
2 = Federgröße

Folgende Zusätze gibt es:
E = Rosenmuster
G = Glatt
P = Perlgrau
PL = silbergrau/schwarz
S = guillochiert

So bedeutet z. B. die Bezeichnung 122PL, daß es sich um ein Meisterstück, Stoßfüllsystem, 2er Federgröße, in silbergrau/schwarz marmoriert handelt.

Nach 1948 wurden in Deutschland nur noch Kolbenfüller und Patronenfüllhalter produziert. Das 3er Zahlensystem gibt es nach wie vor, und wurde durch eine vierer und eine zweier Ziffernfolge ergänzt.
1. = Meisterstück
2. = 2. Qualität
3. = Schülerserie
6. = Meisterstück mit vergoldeter Kappe
7. = Meisterstück in voll vergoldet, bzw. in 14 Karat Gold

Bei den 2er Bezeichnungen wie z. B. 12, gibt die erste Nummer die Serie (Meisterstück) an, die zweite Zahl bezieht sich auf die Federgröße.

Meistens befindet sich die Kennung am Füllmechanismus, bei späteren Modellen (ab 50er Jahre) findet man die Bezeichnung auch auf dem Kappenband.

Der vormalige Lehrer und spätere Präsident George S. Parker in seinem Büro

Parker Firmengeschichte

Die »Parker Pen Company« wurde 1888 in Janesville/Wisconsin (USA) von dem Lehrer George S. Parker, der mit der bisherigen Qualität der auf dem Markt befindlichen Füllhalter nicht zufrieden war, gegründet. Sein erstes Patent erhielt Parker am 10. 12. 1889 an. Es bezog sich auf seinen neuen Füllhalter und den dazugehörenden Tintenleiter. Viele weitere Patente folgten. Das interessanteste Parker-Patent aus dieser Zeit ist wohl das vom 09. 01. 1894. An diesem Tag meldete Parker seinen Tintenleiter »Lucky Curve« zum Patent an. Lucky Curve wurde gleichzeitig zum ersten Seriennamen Parkers. Das besondere an dem Tintenleiter war, daß er sich hinter dem Mundstück nach unten bog, damit die Tinte wieder in den Tintenbehälter zurückfließen konnte. So war für einen gleichmäßigen Tintenfluß gesorgt.

Die ersten Füllhalter waren im Prinzip »systemlos«, d. h. ohne eigenes Füllsystem. Wurde das Mundstück abgezogen bzw. abgeschraubt, wurde die Tinte mittels einer Pipette in den Schaft gefüllt. 1900 kam eine Variante dazu auf den Markt. Anstelle des Mundstückes welches zur Tintenfüllung entfernt wurde, zog man nun einfach die Feder nebst Tintenleiter heraus. Diese Modelle heißen »Jointless«. Es gab sie in den unterschiedlichsten Ausführungen, z. B. als »Red Ripple«, der Schaft war spiralförmig gerippt oder aus Aluminium mit schönen Verzierungen oder sechskantig gehalten, oder der Füller war mit goldenen Bändern verziert. Spezielle Modelle für Ärzte (mit integriertem Thermometer) wurden ebenfalls verkauft.

1916 wurde der »Button Filler« (Druckknopffüllhalter) sowie der »Jack Knife« eingeführt. 1921 wurden die ersten »Duofold« Füllhalter auf den Markt gebracht. Diese waren noch aus Hartgummi und ohne Kappenbänder. Die ersten Farben, die eingeführt wurden, waren orange und schwarz in der Seniorgröße. Im Laufe der folgenden Jahre kamen dann die anderen Farben und Größen dazu. Ab 1923 hatten die Duofold Füller auch Kappenbänder; Parker gab auf diese Modelle 25 Jahre Garantie!

1933 wurde der »Vacumatic« eingeführt. Im Verhältnis zum »Duofold« konnte er 102% mehr Tinte aufnehmen. Mit dieser Serie wurde der typische Parker Pfeilclip eingeführt, der heute noch in leicht veränderter Form benutzt wird. Der Pfeilclip wurde zum Markenzeichen für Parker. Meistens findet man die »Vacumatics« farbig geringelt (gold – silber – rot – grün und blau); es gab sie auch schwarz oder marmoriert. Die lebenslange Garantie wurde von Parker auch auf den »Vacumatic« ausgeweitet.

In England und Canada wurde in den 30er und 40er Jahren eine Vielzahl von farbenprächtigen Füllhaltern der Serien »Parkette«, »Challenger«, »Premiere«, »Televisor« etc. eingeführt, die heute teilweise recht schwierig zu finden sind. Die »Parkette« war Parkers einziger Hebelfüllhalter. Es gab ihn rund und als »Parkette de Luxe« in 12eckiger Ausführung.

1941 kam der »51«er in den Handel. Das typische Merkmal war die verdeckte Feder – gab es doch bis zu diesem Zeitpunkt hauptsächlich nur große freistehende Federn. Einige Firmen zogen dem Beispiel nach und brachten ihrerseits einen Füller mit verdeckter Feder als Antwort auf den »51«er auf den Markt. Die ersten »51«er hatten noch das Vacumatic Füllsystem, 1948 wurden sie umgestellt auf »Aerometric« (Konverter).

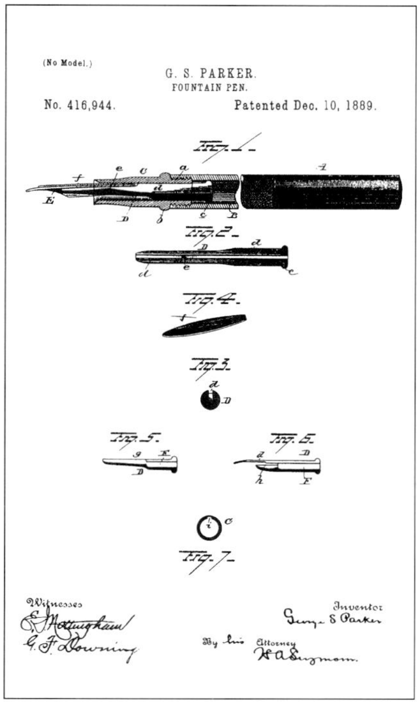

Am 10. Dezember 1889 erhielt George S. Parker das Patent auf seinen ersten »Fountain Pen«.

1954 wurde der erste Parker Kugelschreiber »Jotter« verkauft. Im Gegensatz zum heutigen hatte er einen geriffelten Schaft und die Kappe trug nicht den Pfeilclip. Ebenfalls in den 50er Jahren wurde der »61«er eingeführt. Er hatte, wie der »51«er eine verdeckte Feder, jedoch war im Mundstück zusätzlich ein vergoldeter oder versilberter Pfeil eingelegt. Der »61«er hatte als erster und einziger Füllhalter das Kapillarfüllsystem. Am Tintenleiter befand sich eine feststehende Patrone, welche, wenn man sie in die Tinte hielt, sich mit ihr vollsog. Dieses System hat sich nicht bewährt, und deswegen bleibt der »61«er Parkers einziger mit diesem Füllsystem.

1966 erschien das Modell »65«, welches mit Tintenpatronen gefüllt wurde. Die Feder war wieder freistehend.

1970 wurde aus Anlaß der Mondlandung der »T1« hergestellt; jedoch war die Anfertigung sehr aufwendig und teuer, so daß er 1971 schon wieder auslief. Diese Serie wurde aus Titanium hergestellt. Außerdem konnte man mittels einer Schraube am Tintenleiter den Tintenfluß von fein bis breit verstellen. So hatte jeder, obwohl es nur eine Feder gab, immer die von ihm gewünschte Strichstärke beim Schreiben. Auch dieses kundenfreundliche Merkmal gab es leider nur bei diesem Modell.

1964 kam der erste »75«er von Parker auf den Markt. Zu diesem Füllhalter bot 1966 Parker eine limitierte Sonderauflage an, für welche man sich eine besondere Marketingidee ausgedacht hatte. Die Sonderauflage wurde aus dem Silberschatz der 1715 gesunkenen Treasure Fleet gefertigt; nur 4821 Exemplare wurden produziert. Dieser Füller ist heute entsprechend teuer.

Die »75«er-Serie lief dagegen viele Jahre und war bis zur Einführung des »Premier« (1985) Parkers Flaggschiff, existierte auch neben der 1988 neu aufgelegten »Duofold«-Serie und lief erst 1994 endgültig aus.

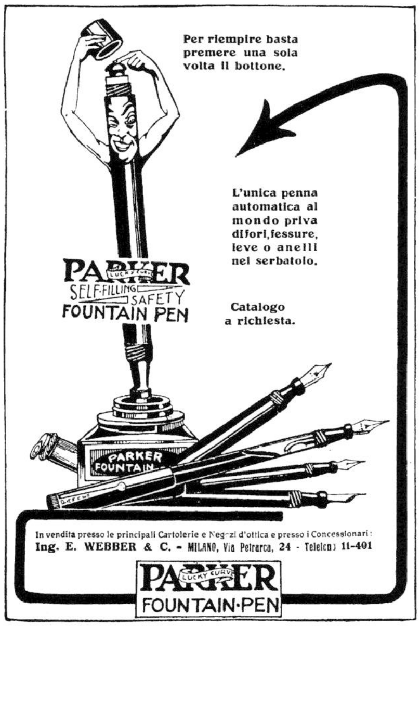

Italienische Parkeranzeigen aus diversen Zeitschriften.

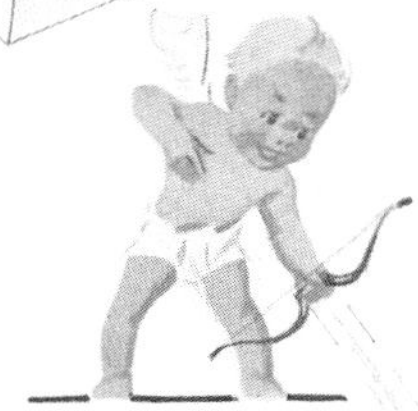

Parker's smart Arrow clip

is often Cupid's Arrow

whether sent BY a man or TO a man!

Pens, $5 to $13.75; Pencils, $3.75 to $6
Sets, in Jewel Box, $8.75 to $19.75

Only a Pocket-Level Pen Meets Army Rules

which require that Pocket Flaps be kept buttoned. That's one reason Parker has long been the military favorite. Its pocket-level Clip holds this Pen low and out of sight. Give your hero a Parker and he won't forget to write.

"One-Hand" Sacless Filler
—easiest, most convenient of all

PARKER'S BLUE ◆ DIAMOND IS A

GUARANTEED LIFE CONTRACT

This June air is filled with Gift-time Jubilation, Romance, Adventure and tender parting.

For now come ***Commencement, Weddings, Father's Day,*** and fond ***Farewells,*** as Boys and Men hike off to camp or join the Army and Navy, and Debutantes don trousseaux, while sweet Girl Graduates travel vacation-ward or start their cherished careers.

Hence, now more than ever will letters be exchanged! So now more than ever—***don't forget their Parkers, and they won't forget you.*** Besides this, giving the Jewels of Pendom is just about the nicest thing you can do.

Better give your *own* hand a trial of writing with this ***lubricated*** Point at any nearby pen counter today. A Point of non-brittle 14 K Gold, tipped with oil-smooth Osmiridium that *won't wear scratchy in a lifetime!*

Hold its ***Television barrel*** to the light and SEE the level of ink—thus see why *it never runs dry unexpectedly.*

Yes, go today and try the Parker Vacumatic, and you'll see why this Streamlined Beauty *inspires* the mind and flatters the hand—why it creates favor both for *you* and *your work!* Its wholly smart and exclusive style of shimmering Pearl and Jet ***rings*** is known and admired wherever it is seen.

Nation-wide votes, again and again, prove Parker the national preference. So give and carry the Pen that rates No. 1, yet costs no more than even the poorest, due to Parker's Life Guarantee Contract.

The Parker Pen Co., New York, Chicago, San Francisco. Factories at Janesville, Wisconsin and Toronto, Canada

Parker ◆

VACUMATIC REG. T.M.

Parker's Blue Diamond on the Pen is our Life Contract with the owner, Guaranteeing to make good any mishap (except loss or intentional damage) subject only to a charge of 35¢ for postage, insurance, and handling, provided complete pen is returned for service.

TO MAKE ANY PEN A SELF-CLEANER—A PARKER OR ANY OTHER—SIMPLY WRITE WITH PARKER *QUINK*, THE AMAZING INK THAT CLEANS YOUR PEN AS YOU WRITE, 15¢ AND 25¢

1978 brachte Parker den »180« auf den Markt. Das besondere an ihm war die beidseitig benutzbare Feder, die ein breites bzw. schmaleres Schreiben erlaubte. Es gab die Feder in der Kombination extrafein/medium und fein/breit. Auch diese Serie lief wenig später aus.

1992 erschien die Serie »Insignia«, aus welcher es aber nur den Kugelschreiber und den Bleibstift gibt.

1993 setzte Parker mit der Serie »Sonnet« neue Akzente in Stil und Design; jedoch erinnert die Serie auch an schon längst vergangene Modelle. Parker kehrt mit dem »Sonnet« wieder zum legendären »51«er zurück, der damals den Erfolg hatte, den der »Sonnet« schon teilweise hat und noch anstrebt.

Parkers Werbung für seinen Füllhalter Duofold, auf den die Firma 25 Jahre Garantie gab. (vergl. Seite 17)

Generationen von Schülern wurden mit Pelikan-Tinte groß. Die unverwechselbare Firmenschrift und die Form des Glases mit der Ablagerille für den Federhalter machen den Wiedererkennungswert aus.

Pelikan Firmengeschichte

Die spätere Firma »Pelikan« wurde von Carl Hornemann (geb. am 29. 03. 1811, gestorben am 13. 12. 1896) in Hannover gegründet, und zwar am 28. 4. 1938; dieses Datum gilt heute als der offizielle Firmenbeginn, da an diesem Tage das erste gedruckte Preisverzeichnis der Firma erschien. Es bot neben 76 Aquarellfarben, Ölfarben, präparierten Ölen und Firnissen auch schon farbige Tinten an. Bereits jahrelang vorher hatte sich Hornemann mit der Herstellung auch von Tuschfarben beschäftigt. Am 14. 10. 1863 trat Günther Wagner, der Mann der der Firma den Namen »Pelikan« gab, in das Unternehmen ein. Bald schon löste er die Familie Hornemann ab und kaufte das Werk im Jahr 1871.

Die 70er Jahre brachten »Pelikan« den wirtschaftlichen Aufschwung, den auch andere Betriebe infolge des gewonnenen Krieges erlebten. Wagner investierte in Maschinen und betrieb viel Werbung. Außerdem gründete er eine Zweitfabrik im damals noch österreichischen Eger. In den 80er Jahren trat dann Fritz Beindorff in die Firma ein. Zuerst arbeitete er unter der Leitung von Wagner, dann wurde er sogar dessen Schwiegersohn, 1894 wurde er Teilhaber der Firma, und ab 01. 01. 1895 war er dann der Alleininhaber.

Er gründete 12 Pelikan-Niederlassungen in Osteuropa und Lateinamerika und war fast 60 Jahre für das Unternehmen tätig. Am Anfang seiner Tätigkeit beschäftigte er 39 Mitarbeiter, 1888 (beim 50jährigen Bestehen Pelikans) waren es bereits 62 Angestellte. 1900, zur Jahrhundertwende, fanden 236 Mitarbeiter einen gesicherten Arbeitsplatz. 1913 (75jähriges Bestehen der Firma) arbeiteten schon 975 Personen bei Pelikan, 1918, nach Kriegsende, waren es 1110. 1928, beim 90jährigen Bestehen, war die Zahl der Beschäftigten bereits auf 2488 angewachsen. Und 1938, zum 100jährigen Jubiläum der Firma, zählte Pelikan 3701 Mitarbeiter!

Im Jahr 1863, dem Eintrittsjahr Günther Wagners, machte der Vertrieb von Tinten bereits einen Großteil des Unternehmens aus. Fortan gab es eine Zweiteilung des Vertriebskataloges, der erste Teil beinhaltete alles, was Maler, Architekten, Ingenieure zum Zeichnen und Schüler zum Zeichenunterricht brauchten; der zweite Teil galt den Klebstoffen, Stempelkissen etc., eben allem, was für's Büro gebraucht wurde. 1897 wurde die Herstellung von Pelikan-Tinten aufgenommen. Seit 1900 wird Pelikanol, ein Klebstoff, den es heute noch gibt, produziert. 1904 wurden bei Pelikan die ersten Schreibmaschinenbänder gefertigt. 1905 kamen die Blechfarbkästen dazu. 1907 wurde die Herstellung von Kohlepapier dazugenommen. Zeichenblöcke produziert die Firma seit 1907. Im Jahr 1929, eines der wichtigsten Daten für Pelikan (sicherlich auch für jeden Pelikan-Sammler), wurden erstmalig auch Schreibgeräte hergestellt. Der erste Füllhalter Pelikans hieß Modell »100«. Ihn gab es in schwarz, schwarz mit grün abgesetzter Bauchbinde, in grün marmoriert (der ganze Füller), oder u. a. in blau marmoriert (siehe großes Foto im Preisteil). Gerade die etwas ausgefallenen Ausführungen sind heute äußerst schwierig zu finden, da viele durch den Krieg vernichtet worden sind. Extrem selten sind die Ausführungen mit Gelbgold- und Weißgoldummantelungen.

Das Pelikan-Stammhaus

1932 brachte Pelikan den »Ibis« auf den Markt. Gewöhnlich taucht er heute auf Märkten, d. h. als Sammlerstück in Schwarz auf; ihn gibt es aber auch in marmorierten Versionen. Für's Ausland wurde er als »Rappen« nur in schwarz produziert. Er war zwar eigentlich als preiswertere Schülerversion gedacht, doch muß man heute für den marmorierten »Ibis« ein vielfaches dessen bezahlen, was man für einen modernen Schulfüller ausgeben würde.

1934 produzierte Pelikan den »Toledo«, baugleich mit dem Modell »100«, jedoch mit einem 24karätigen Goldbelag auf dem Schaft, welcher einen kunstvoll handverzierten Pelikan zeigte. Diesen Füllhalter gibt es heute in zwei Größen, jeweils in Sterling Silber und Sterling Silber vergoldet wieder im Programm. Im Jahr 1934 lief auch die Produktion der nachfüllbaren Bleistifte an. Das erste Modell war schlicht schwarz und gekennzeichnet mit »Auch Pelikan«. Später kamen gleiche Modelle, jeweils passend zum Füller mit grüner Bauchbinde, auf den Markt.

1937 führte Pelikan den »100N« ein. Er unterschied sich von der Vorläuferserie dadurch, daß er einen etwas größeren Tintenraum hatte. Außerdem wurde die Form etwas verändert. Der Kolben war nun nicht mehr geriffelt, sondern glatt und endet konisch. Auch dieses Modell gab es in allen möglichen Farbvarianten; von ihm sind wieder die einfachen schwarzen oder schwarzgrünen die häufigsten, da einige Farben nur für's Ausland produziert worden sind.

1950 wurde der legendäre Pelikan »400« produziert, den es mit gleicher Modellnummer noch heute in leicht veränderter Form gibt. Erhältlich damals in sieben ist er heute dagegen nur noch in zwei Ausführungen im Angebot. Doch gab es von ihm teure Varianten, nämlich als Modell »500« mit vergoldetem Kolben und vergoldeter Kappe oder als »520« ganz vergoldet.

1952 wurde der Pelikan »140« als kleiner Bruder zum »400« auf den Markt gebracht. Diese Serie lief am Kolben und am Kappenendstück gleichmäßig konisch zu. Er war, genau wie seine Vorgänger, in vielen Ausführungen erhältlich. Die seltensten Farben sind Weiß und Perlmutt.

1955 veränderte man die Form des »400« geringfügig und nannte ihn fortan »400N«. Ein Jahr später, 1956, wurde er ein weiteres Mal verändert: Kolben und Kappenabschluß liefen nun ganz spitz aus; er hieß nun »400NN«.

Zu den Füllhaltern baute Pelikan ebenfalls die passenden Druckbleistifte. Es gab aber auch Ausführungen, die man nicht direkt einer Füllerserie zuordnen konnte, also Einzelteile.

Erwähnt sei hier der Bleistift mit der wohl ausgefallensten Mechanik, die je gebaut wurde, als »Modell 60«. Statt Drücken des Kappenknöpfchens oder Drehen der ganzen Kappe wurde dieser geknickt! Durch Einknicken des Stiftes wurde die Mine nach außen geschoben. Diesen Stift gab es in Grün und in Schwarz. Da dieser Stift sehr klein war, konnte er auch nur mit 25 mm-Minen, Stärke 1,18 mm, nachgefüllt werden. Die normale Minenlänge betrug 50 mm, manchmal auch nur 35 mm. Der Standard der Minenstärke betrug damals 1,18 mm, heute dagegen werden hauptsächlich 0,5 mm- und 0,7 mm-Minen gefragt und produziert.

Familienwappen Günther Wagner

Das Familienwappen Günther Wagners und das Pelikan-Signet im Wandel der Zeit.

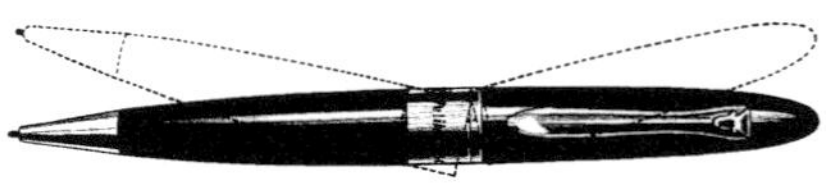

Im Bleistift »Modell 60« wurde die Mine durch Knicken verschoben.

Einzelteile des Pelikan-Druckstiftes Nr. 50

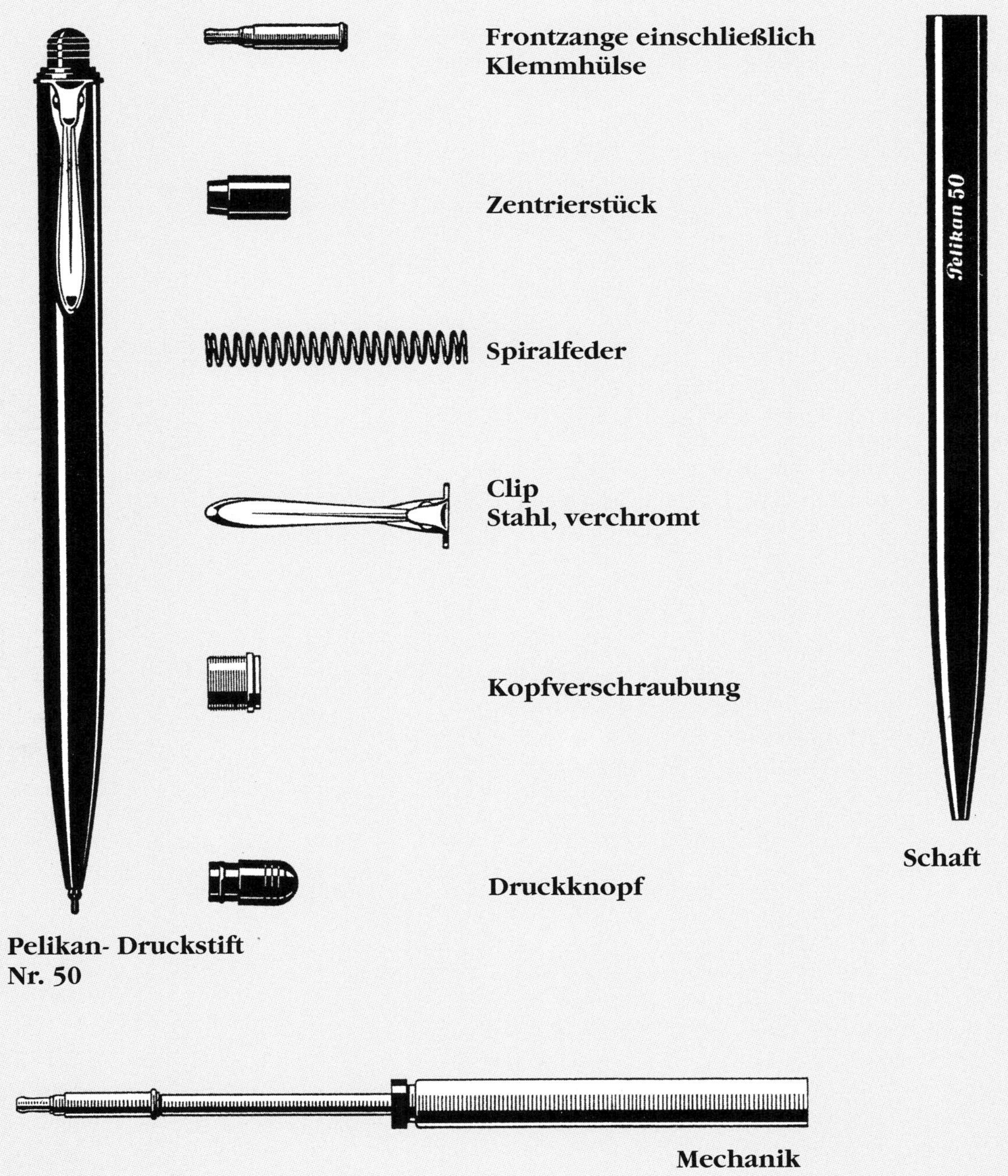

1959 wurde der »P1« in acht verschiedenen Varianten auf den Markt gebracht, ein Füllhalter, der eine kleine verdeckte Feder hatte; bis dahin waren die Federn alle groß und freistehend gewesen. Der »P1« wurde außerdem wegen seiner Flugsicherheit und seiner eleganten Form – er war schmaler als die anderen Modelle – stark beworben.

1960 wurde der Schulfüllhalter »Pelikano« eingeführt. Ebenfalls, wie beim »P1«, war die Feder verdeckt; auch andere Firmen gaben zu dieser Zeit Füller mit verdeckter Feder heraus. Der »Pelikano« wurde mit Patronen nachgefüllt. Ergänzend zum klassischen Programm Pelikans, erschienen in den 60er Jahren eine ganze Reihe von Schreibgeräten, die den damaligen, modernen Zeitgeist wiederspiegelten. Auf einmal wurden Edelstahlkappen auf Kolbenfüllhalter gesetzt, gleiche Modelle erschienen auch als Patronenfüllhalter (Serie 25). Der bis dahin unverkennbare Clip in Form eines Pelikanschnabels veränderte sich zum nicht identifizierbaren Pelikan-Clip (Serie P30/M30 und P20/M20), wobei »M« für Kolbenmechanik und »P« für Patronenfüllhalter stand.

Heute ist der »P1« in guter Erhaltung schwierig zu finden, weil er kaum verkauft wurde, da er teurer als der klassische »400« war. Klassisch, damals wie heute, sind die »grün Gestreiften«.

Die modernen »25« und »30« werden nicht so gerne gesammelt.

Diese Liebe zum nostalgischen Schreibgerät war sicherlich für Pelikan auch der Anlaß, den »400« (14 Karat Goldfeder), als Modell »600« mit 18 Karat Goldfeder und platinveredelter Feder sowie einem zusätzlichen Zierring am Kolben und auf der Kappe, und diesen sogar noch im Herrenformat, als Modell »800«, weiter im Programm bzw. im Sortiment zu ergänzen. Neuerdings erscheinen von der Firma auch limitierte Füllhalter, wie beispielsweise der »Blue Ocean«. Auflage 5000 Stück weltweit, oder wie 1992 der »800« in Grün transparent (3500 Stück, jedoch nicht in Deutschland). Im September 1994 erschien der »Hunting« ein »Toledo« in Grün mit Silberbinde, auf welcher ein Hirsch zu sehen ist. Die Gesamtauflage beträgt 3000 Stück, davon sind 600 Stück für Deutschland reserviert worden. Der Preis betrug DM 1900,–. Parallel erschien in Amerika der Kugelschreiber zum grünen »800« in transparent. Er hat eine Auflage von 700 Stück.

W.A. Sheaffer

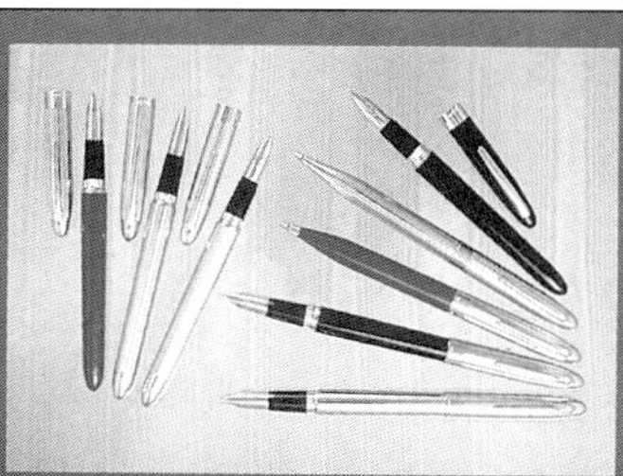

Crest™ Collection

Sheaffer Headquarters, Fort Madison, Iowa

Sheaffer Firmengeschichte

Walter A. Sheaffer wurde am 27. 07. 1867 in Bloomfield, Iowa (USA) geboren. Er hatte bereits viele Jobs, bevor er als Partner seines Vaters im familieneigenen Juweliergeschäft arbeiten konnte. Dort und später in seinem eigenen Juweliergeschäft, konnte er seine Fähigkeit als Verkaufsstratege immer weiter entwickeln. Als er sich 1912 entschied, sich der Herausforderung zu stellen, vom Einzelhändler zum Füllhalterfabrikanten zu wechseln, war Sheaffer bereits 45 Jahre alt.

Der Gründer, Präsident und erste Gesellschafter W.A. Sheaffer besaß ein solides Wissen über Marketing und Verkauf hochwertiger Produkte. Ja, er besaß einen ansteckenden Enthusiasmus, ausgerechnet und nur Qualitätsprodukte zu verkaufen. Diese Kombination ließ den Funken auch auf seine Mitarbeiter überspringen und stellte sicher, daß der Erfolg der eben gegründeten Firma auf dem stark konkurrierenden Markt gewährleistet war.

Die Geschichte hatte so begonnen: An einem Herbstabend im Jahre 1907 las W.A. Sheaffer in einer Tageszeitung eine Werbung über einen »Conklin«-Füllhalter, dessen Tintenaufzug mittels eines halbmondförmigen Ringes an der Seite des Schaftes durch Drücken auf einen Gummisack funktionierte. Viele Füller wurden zu dieser Zeit als »Eyedropper« verkauft oder waren durch Druck mit einer Münze durch einen Schlitz am Schaft mit Tinte zu füllen. W.A. Sheaffers Idee war, es müsse doch ein System geben, welches ohne Störung und ohne den aufwendigen Mechanismus des »Coin«-Fillers auskam. Wenige Tage später hatte er die Lösung. Er beseitigte den Eyedropper, indem er in den Schaft des Füllers einen luftablassenden Gummisack hineinsteckte. Er eliminierte den unansehnlichen Ring, der wie ein Buckel auf dem Füller saß, und setzte einen Hebel in den Münzschlitz, der durch Drücken auf den Gummisack Tinte aufsog. Der Hebel wurde so zugeschnitten, daß er sich in den flachen Schlitz des Füllers glatt einpaßte, der erste praktische Hebelfüllhalter wurde erfunden!

Sheaffer meldete 1908 sein erstes Patent, den Hebelfüllhalter, an. Ein Patent, welches Amerikas Schreibgewohnheiten ändern sollte! Als vorsichtiger Kaufmann, trotz allem Enthusiasmus, ließ er sich mit der serienmäßigen Fabrikation und dem eigentlichen Schritt auf den Markt noch Zeit. Erst 1913 wird die Sheaffer Pen Gesellschaft in Iowa gegründet. W.A. Sheaffer bleibt 25 Jahre Präsident der Firma, kümmert sich jedoch auch nach seinem Ausscheiden noch aktiv um Firmenangelegenheiten, bis zu seinem Tod im Jahre 1946.

Im Jahr 1938 tritt sein 41jähriger Sohn, Craig R. Sheaffer, als neuer Präsident erfolgreich an seine Stelle. Die neue, starke und innovative Führung erhöhte den Erfolg. Seit dem ersten handgefertigten Füller in Vaters Arbeitsraum im ehemaligen Juweliergeschäft kennt Craig das Füllhaltergeschäft. Nur 1953 verläßt Craig Sheaffer das Unternehmen für ein Jahr, weil er der Ernennung zum Handelssekretär in die neu gewählte Regierung General Eisenhowers Folge leistet. Aber schon 1954 kehrt er in das Unternehmen zurück, wo er bis zu seinem Tode am 09. 07. 1961 als Vorsitzender der Firma fungiert.

1914 wird die erste Sheaffer Werbeanzeige in der Saturday Evening Post veröffentlicht. Schon im ersten Gründungsjahr beherrscht Sheaffer 3% des Schreibgeräte-Marktes; zu verbuchen sind bereits Verkäufe im Wert von über $ 100.000, der Gewinn beträgt 50% der anfänglichen Investitionen. 1914 zieht die Firma in ein früheres Molkereigebäude nach Fort Madison um; das Gebäude in der Front Street liegt gegenüber dem Mississipi River. Später wird das Gebäude für Forschungs- und Entwicklungszwecke gebraucht, heute dient es als Lagerraum.

1918 wird der erste Sheaffer Bleistift, der Sharp Point, produziert.

1920 kommt der erste Füllhalter mit lebenslanger Garantie auf den Markt. Die Füller hatten Verkaufspreise ab $ 8.75; das war der 3fache Preis gegenüber den konkurrierenden Produkten. Dafür hatte der Erstbesitzer eine lebenslange Garantie auf die Feder; das war zu dieser Zeit beispiellos.

1924 wird der weiße Punkt als Markenzeichen eingeführt. Er steht nun als Zeichen für die »Lifetime«-Garantie. 1925 hat Sheaffer in den USA seinen Marktanteil auf 25% gesteigert. Eine der herausragensten Neuerungen der Firma in den 20er Jahren ist die Entwicklung von Füllern aus Plastik, womit nun die Hartgummi-Ära zu Ende geht. Das Plastik-Material läßt sich besser färben und ermöglicht Füller in einer Vielzahl von Farben.

1929 wird die »Balance«-Serie eingeführt, eine am Schaft- und Kappenende konisch zulaufende Modellserie.

1930 kommt die Pen/pencil Kombination auf den Markt; ein Schreibgerät, das Bleistift und Füllhalter in einem vereint.

1942 führt Sheaffer die »Triumph«-Serie ein, welche es heute noch in leicht veränderter Form gibt.

1946 wurde der erste Kugelschreiber produziert und verkauft. Er zeigt eine weitere Entwicklung Sheaffers an, nämlich die Clipmechanik, welche heute noch gebräuchlich ist. Die Mine wird mittels Druck auf den Clip heraus- und hereingedrückt. Der »Touchdown«-Füller ist ebenfalls eine Entwicklung aus den 40ern.

Im November 1951 kommt der 50millionste Sheaffer Füller auf den Markt! 1952 wird der »Snorkel« eingeführt, ein sehr elegantes Tintenfüllsystem, da beim Füllen die Feder nicht mehr mit der Tinte in Berührung kommt. 1959 erscheint der »PFM« (Pen for Man), die Serie für den Herrn, mit dem gleichen Füllmechanismus.

1961 erscheint der erste Patronenfüller der Firma; und 1963 – zum 50jährigen Jubiläum –, gibt es einen Patronenfüller mit »Lifetime«-Garantie.

1966 werden Konverter als Alternative zur Patrone angeboten.

1976 wird die »Targa«-Serie auf den Markt gebracht.

1979 erobert Sheaffer den französischen Markt. Sheaffer – Schreibgeräte werden nun in der ganzen Welt verkauft (in über 150 Ländern). Zur Unterstützung des weltweiten Verkaufs werden Niederlassungen in Belgien, Holland, Deutschland, Italien, Hongkong, Malaysia, Japan und Singapur gegründet.

1980 führt Sheaffer den »Nostalgia« wieder ein, einen Klassiker aus den 20er Jahren.

1985 wird der »Connaisseur« eingeführt, sieben Jahre lang neben dem »Nostalgia« das Flaggschiff, welches jetzt erst durch den »Fred« abgelöst worden ist, der 1992 auf den Markt kam.

Waterman Firmengeschichte

Wir schreiben das Jahr 1884. Lewis Edson Waterman meldet seinen ersten brauchbaren Füller zum Patent an. Er heißt »Ideal« und ist dazu »prädestiniert, den Kunden zu befriedigen, oder der Kaufpreis wird erstattet!« (Werbeslogan Waterman 1885)

Die Firma Waterman wurde 1883 von Lewis Edson Waterman gegründet. L. E. Waterman war eigentlich Versicherungsvertreter. Wie aber kommt ein Versicherungsvertreter dazu, eine eigene Füllhalterfabrik zu gründen? Die Geschichte wird so erzählt: Eines Tages, als Waterman vor einem großen Vertragsabschluß stand, geschah folgendes: er gab einen bis dahin gebräuchlichen Füllhalter seinem Kunden zum Unterschreiben eines Vertrags. Als dieser dann die Feder zum Papier führte, ergoß sich ein großer Tintenklecks auf das Papier. Noch ehe Waterman einen neuen Vertrag vorbereiten konnte, unterschrieb sein Kunde bei einer anderen Agentur. Nun beschloß Waterman selbst Füllhalter zu produzieren, die nicht auslaufen sollten. Es entstand der »Ideal«-pen. Er war noch einfach in schwarz gehalten. Waterman selbst verkaufte 1883 ganze 72 Füllhalter! Im Jahr darauf, am 12. 2. 1884, läßt er sich das von ihm erfundene Kapilarsystem im Tintenleiter patentieren. Das Tintenfüllsystem war denkbar einfach: Es wurde das Federmundstück abgezogen, beziehungsweise abgeschraubt und dann Tinte in den Schaft gegossen. Der Tintenleiter sorgte für einen gleichmäßigen Tintenfluß. 1884 verkaufte Waterman eigenhändig schon 500 Füllhalter, mit einer Garantiezeit von 5 Jahren. Dank guter Qualität, 5jähriger Garantiezeit, und vermehrter Werbung in der Zeitschrift »The review of review« hatte er 1887 seinen Umsatz bereits verzehnfacht. Wegen der schnell wachsenden Umsätze besuchte Waterman nicht mehr alle Kunden selbst. Der Betrieb vergrößerte sich. 1888 wurde die Firma

Anzeigen zwischen Jugendstil und Art-Deco wurden oft ganz bewußt im Stil japanischer Holzschnitte gestaltet.

L. E. Waterman & Co in New York unter der noblen Adresse »155 Brodway« gegründet. 1890 wurde die erste Schreibtischgarnitur vorgestellt. 1898 erweiterte Waterman sein Sortiment um 5 weitere Füllhalter und bot nun verschiedene Muster an. 1899 feierte Waterman eine Weltpremiere: 14 Karat-Goldfedern mit sehr breitem Korn wurden nun in Serie produziert.

1900 erfindet der Firmenbote William I. Ferris eine Maschine, die die Produktion von Füllhaltern einfacher und schneller macht. Später ist Ferris verantwortlich für den Bau der neuen Fabriken in New Jersey und Seymore. Aufgrund ungeahnter Verkaufserfolge in Kanada wurde in Montreal ebenfalls eine Fabrik gebaut. Eine Hauszeitung, der »Pen-Prophet« wurde herausgegeben. Sie war für die Wiederverkäufer bestimmt und gab diesen Informationen über Schreibgeräte, Neuerscheinungen, Werbeaktivitäten, und vieles andere.

1901 stirbt Lewis Edson Waterman im Alter von 64 Jahren, und sein Neffe Frank D. Waterman übernimmt die Geschäftsführung. Zu diesem Zeitpunkt werden schon 350.000 Schreibgeräte produziert, und die ersten werden nach Europa exportiert. Seit 1904 werden Schreibgeräte mit Gold und Silberverzierungen hergestellt.

1907 bringt Waterman den »Safety«, einen Sicherheitshalter, auf den Markt. Die Feder wurde zum Schreiben herausgedreht und nach Beendigung wieder hineingedreht. Dank dichtschließender Kappe, war der Füller auslaufsicher. 1907 wurde sehr viel Werbung betrieben, so warb er alleine in den Monaten November und Dezember in ca. 200 verschiedenen Zeitschriften und Zeitungen. Am 02. 12. 1907 erreichte er mit seiner Werbung 1000 verschiedene Städte! Zu diesem Zeitpunkt umfaßte das Waterman-Sortiment ca. 100 verschiedene Füllhalter.

1913 brachte Waterman den ersten Hebelfüllhalter auf den Markt. Seitlich am Schaft befand sich ein Hebel, der, wenn man den Füller auftanken wollte, nach oben gebogen werden mußte. Die Feder wurde ins Tintenglas gehalten. Unter dem Hebel befand sich ein Gummisack. Die Spange drückte beim Hochstellen des Hebels auf den Sack und ein Sog entstand. Diesen Vorgang wiederholte man 3 bis 4 Mal, dann war der Füller gefüllt.

Alle Waterman-Schreibgeräte hatten ein logisches Numerierungssystem. So bedeutete z. B. die Nummer »42«, daß es sich um einen Sicherheitshalter handelte. Die erste Nummer kennzeichnet das Tintenfüllsystem, die zweite bezieht sich auf die Federgröße.

Seit 1914 besitzt der Franzose Jules Fagard die Vertriebsrechte für Waterman Füllhalter. Sie werden nun in der ganzen Welt verkauft. 1926 gründete Fagard die Firma »Jif Waterman« und produziert selbst Schreibgeräte.

1923 wurden »Red Ripple«-Füllhalter eingeführt. Sie bestanden aus Hartgummi und besaßen eine interessante Maserung. Auch diese wurden in vielen verschiedenen Größen und Ausführungen gebaut.

1927 erfindet der Mitarbeiter der Firma Jif Waterman, M. Perraud, die Tintenpatrone. 1935 erhält Jif Waterman das Weltpatent und baut im Vorort von Paris eine Tintenfabrik.

1929 erschien der »Patrician« auf dem Markt, das für Sammler wohl interessanteste Schreibgerät aus dieser Ära! Ihn gab es in fünf Farben und zwei Größen (für Herren, und für die Damen als »Lady Patrician«). 1992 wurde der »Patrician« im Herrenformat in drei Farben wieder neu aufgelegt.

1935 führt Jif Waterman die Kugelschreibermine ein. 1939 brachte Waterman seinen »100-year-pen« auf den Markt. Man gab 100 Jahre Garantie auf das unzerbrechliche Gehäuse! Auch die Feder war mit »hundred year« gekennzeichnet.

1940, nur ein Jahr später, werden die ersten Füllhalter aus Stahl produziert. In diesem Jahr übernimmt Madame Fagard die Firmenleitung, da ihr Mann verstarb.

1947 erscheint der erste 4-Farb-Kugelschreiber, der »Pantabille«.

1953 wird von einem Chefstilisten der Firma General Motors der »CF« entworfen. »CF« steht für Cartridge Filling (Patronenhalter). Die Federform war für die 50er Jahre innovativ, brachten andere Firmen noch kleine verdeckte Federn auf den Markt, so war diese doch das krasse Gegenteil. Die Feder des »CF« war nicht verdeckt und sog sich hoch bis zum Behälter, ähnlich wie heute beim »Edson«.

1954 wurde die Produktion in den der Schreibgeräte durch Waterman USA eingestellt. Jif Waterman erwirbt die Rechte und produziert fortan in Frankreich weiter; für den Sammler sind die amerikanischen Waterman-Füller die interessanteren.

1963 wird die Kugelschreibmine »Maxima« eingeführt.

1965 wechselt die Firmenleitung, nach dem Tod von Frau Fargard, erneut. Die Tochter E. Le Foyer übernimmt die Leitung.

1967 entsteht in St. Herblain eine neue Fabrik, in der heute noch produziert wird.

1969 übernimmt die Tochter von E. Le Foyer, Francine Gomez, die Firmenleitung.

1975, inzwischen hatten wieder diverse Verkäufe von Markenrechten stattgefunden, hat Waterman einen Umsatz von 94 Millionen Franc, davon alleine 26 Millionen durch den Export der Schreibgeräte.

1982 bekommen alle Waterman-Schreibgeräte einen einheitlichen Charakter. Der Doppelclip wird eingeführt.

1983 erscheint der »Man 100«, der aus Anlaß des 100jährigen Bestehens der Firma auf den Markt gebracht wird.

1992 erscheint in Frankreich der »Edson«. Seit 1993 ist er auch in Deutschland erhältlich. Er zeichnet sich durch eine neue Federform und durch technische sowie optische Merkmale aus, die bei diesem Füllhalter und auch beim Kugelschreiber erstmalig angewandt worden sind.

1993 wird Waterman von der Firmengruppe Gillette übernommen.

1994 verlegt Waterman seinen Firmensitz nach Baden-Baden. Seit dem ist die Logistik mit Parker zusammengelegt.

Das Waterman Numerierungssystem
Ab 1898 versah Waterman seine Füllhalter mit einer einheitlichen Numerierung, an der man direkt erkennen konnte, was für ein Füllsystem der Füller besaß, ob er vergoldet oder aus Gold ist, usw. Für den Sammler, der dieses System deuten kann, bedeutet es aber auch, feststellen zu können, ob das Schreibgerät im Originalzustand ist oder ob es sich um einen nachträglich veränderten Füller handelt. Das Nummernsystem besteht maximal aus vier Ziffern, wobei noch ein Zusatz dabei stehen kann. Dieses System wurde bis auf kleine Änderungen bis Ende der dreißiger Jahre verwandt.

Die Zahl in der Tausenderstelle bedeutet:
0 = Füllerhalter ist vergoldet
1 = Füller besitzt ein schmales 14karätiges Kappenband
2 = Füller hat zwei 14karätige Goldbänder, eines an der oberen Kappenspitze, und eines am Ende des Schaftes

Die Zahl in der Hunderterstelle bedeutet:
2 = Füller hat einen Silberschaft
3 = Füller hat einen vergoldeten Schaft
4 = Füller hat eine Silberkappe und einen Silberschaft
5 = Füller hat eine vergoldete Kappe und einen vergoldeten Schaft
6 = Füller hat ein Perlmuttgehäuse (nach 1917 bedeutete die »6«, daß der Füller zwei goldene Bänder am Schaft besaß)
7 = Füller hat ein 14 Karat goldenes Band auf dem Schaft
8 = Füller hat ein 14 Karat goldenes Band auf der Kappe
9 = Füller hat ein 14 Karat goldenes Band auf der oberen Kappenspitze

Die Zahl in der Zehnerstelle bedeutet:
0 = Gerade Kappe
1 = Konisch zulaufende Kappe
2 = Spitz zulaufende Kappe
3 = Füller im Westentaschenformat (Bezeichnung »3« nur bis 1908)
4 = Füller für Schreibtischständer (nach 1917 steht die Zahl für Sicherheitshalter)
5 = Hebelfüllhalter
6 = Hebelfüllhalter mit Schiebekappe
7 = Eyedropper mit Schraubkappe
8 = Pumpfüllhalter (Mechanik ähnlich dem Kolbenfüller)

Die Zahl in der Einerstelle bedeutet:
Die vierte Zahl, oft auch die dritte Zahl, da die Tausenderstelle nicht immer belegt ist, auf jeden Fall aber die letzte Zahl, zeigt die Federgröße an. Folgende Federgrößen gibt es: 2 – 4 – 5 – 6 – 7 – 8 – 10.

Zusätzliche Markierungen:
1/2 = Füller ist dünner
X = größerer Schaft als üblich für diese Federgröße ist
V = Füller ist kürzer
SF = Self Filler (Hebelfüllhalter)
S = Safety (Sicherheitshalter)
P = Pumpfüller
POC = Pocket (Taschenformat)
PSF = Self filler pocket (Hebelfüllhalter im Taschenformat)
VP = Vest pocket (Westentaschenformat)

Wer nun als Beispiel einen Waterman-Füllhalter mit der Nummer

4 5 2 1/2

in Händen hat, kann seinen Füller genau bestimmen:
– die Tausenderstelle fehlt
– 4 = Füller hat Silberkappe und -schaft
– 5 = Hebelfüllhalter
– 2 = Federngröße
– 1/2 Füller ist dünner als gewöhnliche Ausgabe.

Das ist eine für Sammler sehr wichtige Information: Fehlt ein Merkmal welches zu diesen Angaben gehört, kann man davon ausgehen, daß der Füller nicht mehr im Originalzustand ist!

Ab 1928 wurden auch Waterman-Füller gebaut, auf welche dieses Numerierungssystem nicht mehr zutraf.

Beim Waterman Modell Nr. 7 gab es noch eine Besonderheit. Die Feder wurde mit einem Farbcode versehen, welcher sich am oberen Ende der Kappe farblich wiederspiegelte. Die Farbe gab die Federbreite an.

Pink = Flexible, feine Feder, auch für Kurzschrift
Purpurrot = Starre feine Feder
Braun = Feine Feder ohne Kratzeffekt
Rot = Standard Feder, mittlere Breite
Grün = Starre mittlere Feder
Gelb = Runde Feder, auch für Linkshänder
Blau = Stumpfe, leicht angeschrägte Feder

Limitierte Füllhalter-Editionen

E. Hemingway, oben und Agatha Christie gaben u. a. Ihre Namen für Montblanc-Editionen.

Montblanc

In den letzten Jahren wurden vermehrt Füllhalter in limitierten Auflagen auf den Markt gebracht. Führend ist hierbei die Firma Montblanc, die anläßlich der Preisverleihung des internationalen Kulturpreises »Montblanc de la Culture« einmal im Jahr einen besonderen Füllhalter an drei Preisträger verleiht und anschließend das verliehene Modell in Serie gibt. So wurde 1992 der erste aus der limitierten Edition, der »Lorenzo de Medici« mit einer weltweiten Gesamtauflage von 4810 Stück zum Ausgabepreis von DM 2.500,– eingeführt. Grund, ihn so zu benennen war der 500jährige Todestag des berühmten Mitglieds der Medicis. In Deutschland wurden von diesem Füllhalter 522 Stück vekauft.

Parallel dazu, im gleichen Jahr, erschien der »Hemingway«, ein »Meisterstück« in schwarz-orange, in dem sich alte Stilelemente mit neuen verbanden, genannt nach dem Schriftsteller Ernest Hemingway. Dieser Füller hatte eine Auflage von 30.000 Stück, wovon 1.800 Exemplare für den deutschen Markt bestimmt waren. Der Füllhalter kostete DM 950,–; und er ist mit Glück heute noch in Geschäften zu finden. Komplettiert wurde er durch einen Kugelschreiber (DM 480,–).

1993 wurde als Förderpreis der »Octavian« ausgewählt. Er hatte wieder eine Gesamtauflage von 4.810 Stück und kostete DM 2.500,–. Davon wurden 509 Stück in Deutschland verkauft. Dieses Modell versteht sich als eine Hommage an den Römer Octavian. Der Füller ist mit einem Spinnennetz aus 925er Silber dekoriert.

1993 wurde auch eine limitierte Edition zu einem Preis von unter DM 1.000,– pro Stück dem Sammler vorgestellt. Der Füller hieß »Agatha Christie« als Ehrung für die große Krimischreiberin, die schon zu Lebzeiten mit ihren Werken Weltruhm erlangte. Der Füller ist ein »Meisterstück«, schwarz, mit einem Schlangenclip aus Sterling Silber, in welchem zwei echte Rubine als Augen eingearbeitet sind. Die Auflage dieses Füllhalters beträgt 30.000 Stück, der Preis DM 985,–. Ergänzend gab es hierzu einen Kugelschreiber (25.000 Stück) und einen Bleistift (7.000 Stück). Von dem Füllhalter wurden 2.000 Stück in Deutschland verkauft, der Kugelschreiber wurde 1.600 mal ausgeliefert, und als Set – also Kugelschreiber und Bleistift – sind 700 für den deutschen Markt reserviert worden. Den Bleistift gab es nur im Set, er kostete somit DM 495,–. Als besonderes Bonbon gab es diese Serie ebenfalls mit Goldclip, zum Preis von DM 1.350,–. Hier betrug die Gesamtauflage 4.810 Stück, wovon 435 Füller für Deutschland reserviert waren.

Speziell für den asiatischen Markt wurde der »Imperial Dragon« entwickelt. Im Gegensatz zum »Christie« hat er anstelle des Schlangenclips einen Clip in Form eines Drachens. In der Standardausführung, Drachenclip aus Sterling Silber, hatte er eine Auflage von 5.000 Füllhaltern, 3.500 Kugelschreibern und 1.500 Bleistiften. Den Dragon gab es auch 888 Mal mit 18karätigem Clip. Diese gingen komplett nach Asien. 48 Exemplare kamen 1994 nach Deutschland zurück und wurden auf 4 Fachgeschäfte verteilt. Der deutsche Einführungspreis betrug DM 2.500,– und orientierte sich damit am asiatischen Ausgabepreis.

1994 erschien der nächste limitierte Füllhalter von Montblanc der »Louis XIV.«, benannt nach dem Sonnenkönig. Auch dieser Füller wurde 1994 den drei Preisträgern in 18 Karat Gold verliehen. Das im Handel erhältliche Modell davon ist für DM 2.700,– in Vermeil (= 925er Silber mit einer 23,5karätigen Vergoldung) erhältlich. Der Füller ist floral verziert und soll an die blumenreiche Pracht der Festsäle des Schlosses in Versailles erinnern. Bis zum 01. 08. 1994 wurden in Deutschland 456 Stück verkauft.

Im Herbst 1994 wurde das nächste limitierte »Meisterstück« vorgestellt. Oscar Wilde stand diesmal Pate. Exzentrisch wie seine Lebensweise ist auch der Füllhalter gestaltet, der doch sehr aus dem sonst üblichen Rahmen fällt. Der Füller ist grün-weiß-schwarz marmoriert. Die Gesamtauflage beträgt 15.000 Füller, 8.000 Kugelschreiber, 7.000 Bleistifte und 5.000 Sets.

Pelikan

Auch Pelikan gibt limitierte Füller heraus. Im Dezember 1993 erschien der erste in Deutschland, der »Blue Ocean«. Er ist baugleich mit der regulären 800er Serie, jedoch blau transparent. Die Gesamtauflage betrug 5.000 Füllhalter und 1.000 Sets, bestehend aus Füllhalter und Kugelschreiber. Der Kuli war nicht einzeln erhältlich. Für den deutschen Markt waren 1.000 Füllhalter und 300 Sets reserviert. In Amerika erschien bereits ca. zwei Jahre vorher das gleiche Modell in transparent grün in einer Auflage von 3.500 Stück ($ 450). Der Preis für den »Blue Ocean« in Deutschland betrug DM 780,– für den Füller und DM 1.100,– für das Set.

Im September 1994 erschien der »Hunting«, ein Füller im 800er Format, in Anlehnung an den »Toledo«, jedoch in grün gehalten, mit einer Silberbinde, auf welcher ein klassisches Jagdmotiv – ein röhrender Hirsch – zu sehen ist. Der Füller ist limitiert auf weltweit 3.000 Stück, wovon aber nur 650 für Deutschland bestimmt waren, und kostete DM 1.900,–.

Parker

Parker brachte seinen ersten limitierten Füllhalter bereits 1966 heraus! Es war der »75 Treasure Pen«, hergestellt aus dem Silberschatz der 1715 gesunkenen »Treasure Fleet«. Kip Wagner, ein Antiquitätenhändler, barg über einen Zeitraum von über 10 Jahren diesen Silberschatz und verkaufte dann einen Teil der Silbermünzen an Parker, die aus dem Silber der Münzen den Füllhalter produzierten. Der Füllhalter weist die Kennung »Treasure Pen« auf. Es sind 4821 Stück produziert worden.

Circa 1971 wurde ein weiterer 75er-Füllhalter als limitierte Edition eingeführt, das Modell »Queen Elisabeth«, hergestellt aus Messing, in einer Auflage von 5.000 Stück.

1976 kam der nächste limitierte Füllhalter auf den Markt. Er bestand aus Zinn, und das Besondere an ihm war das am Kappenkopf eingearbeitete Stück Holz, ein Reliquie der Independence Hall in Boston. Die Auflage betrug 10.000 Stück.

1982 wurde in Deutschland und für Deutschland die Serie »Wood Pen« produziert, ein Füllhalter aus Holz. Insgesamt wurden nur 2.000 Stück aus acht verschiedenen Holzsorten hergestellt.

Heute werden in Amerika Duofold-Füllhalter mit Sterling-Silber-Verzierungen produziert. So z. B. der »Spiderweb«, ein Füllhalter, überzogen mit einem Spinnennetzmuster. Diese sind jedoch keine offiziellen Produktionen von Parker, sondern werden anderweitig hergestellt und vertrieben.

In den 60er Jahren vertrieb Parker den »Holy Water Sprinkler« (Weihwassersprenkler); dieser Füller ist zwar offiziell nicht limitiert, es ist aber davon auszugehen, daß nur eine kleine Anzahl dieser Stücke hergestellt wurden.

Waterman
Waterman brachte ebenfalls schon Schreibgeräte in limitierter Auflage heraus. 1989 erschienen aus der »Man 100«-Serie ein Füllhalter und Kugelschreiber, die im Vergleich zur normalen Serie mit einer Plakette am Clip gekennzeichnet waren. Anlaß der Serie war die 200-Jahr-Feier der französischen Revolution. Die Kappeninschrift lautet: »Bicentenaire de la Revolution Française«. Auf der Clipplakette sind drei Vögel zu sehen und die Jahreszahlen 1789 – 1989. Diese Serie wurde nur 1989 produziert. Eine Auflagenhöhe ist nicht bekannt, sie dürfte aber wohl nicht über 10.000 Stück liegen.

Fisher
Fisher, die Firma mit der Weltraummine, brachte im Sommer 1994 den Fisher »Space Pen« in einer titanveredelten Ausführung heraus. Anlaß war der 25jährige Jahrestag der Mondlandung. Dementsprechend ist der Kugelschreiber mit einer Plakette versehen. Der Stift ist limitiert auf 20.000 Stück, ein separates Zertifikat liegt bei. Der Kugelschreiber selbst ist nicht numeriert, dafür liegt der Verkaufspreis auch nur bei DM 49,–.

Die meisten limitierten Schreibgeräte sind numeriert, oftmals auch mit Nennung der Gesamtauflage. Nun gibt es auch Schreibgeräte die numeriert, jedoch nicht limitiert sind. Immer häufiger gehen die Firmen dazu über, auch das gehobene Standardprogramm durchzunumerieren. Dieses soll Exclusivität ausdrücken und dem Kunden den Eindruck vermitteln, daß ihr Schreibgerät einzigartig sei. Ist es auch, jedenfalls gibt es immer nur eins mit einer Nummer! Außerdem ist so immer nachvollziehbar, wohin die Schreibgeräte verkauft worden sind.

Persönliche Tips für Sammler

Nach welchen Kriterien baut man am besten seine Sammlung auf? Gerade hier gilt es, sich bereits am Anfang ein paar grundsätzliche Gedanken zu machen. (vergleiche »Aspekte des Sammelns«). Möchte man das Sammeln aus historischer Sicht betreiben, soll das Zusammentragen diverser Schreibutensilien lediglich Freude bereiten oder strebt man eine Wertanlage an, verbunden mit einer Rendite, welche heute auf dem bankküblichen Wege nicht mehr zu erzielen ist?! Hierzu sei gesagt, daß durchaus eine Mischung aller drei Ziele durch sinnvolles und planvolles Sammeln zu erreichen ist!

Da das Sammeln von Schreibgeräten erst in den letzten Jahren richtig populär geworden ist, kann man noch von einigem versteckten und noch nicht an die Öffentlichkeit gekommenen Material ausgehen, welches noch in diversen Schubladen schlummert und nur darauf wartet, in liebevolle Sammlerhände zu gelangen. Als erste Anlaufstelle jedes Sammlers muß also die komplette Verwandtschaft einschließlich Uroma (sicherlich am interessantesten!) herhalten. Eine weitere ergiebige Quelle kann eine Kleinanzeige in regionalen Wochenblättern oder Antiquitätenjournalen sein. Mein Tip: Das eine tun, das andere nicht lassen! Dem fortgeschrittenen Sammler bleiben als Alternative Auktionen; die interessantesten finden jedoch im Ausland statt. Die deutschen Auktionshäuser haben den Füllhalter kaum entdeckt. Auch ein Zeichen dafür, daß der Markt erst »im Kommen« ist. Bei Auktionsangeboten ist jedoch häufig der Nachteil, daß man an große »Lots« gebunden ist, obwohl einen nur ein Füller interessiert. Ferner läßt sich beim Fernbieten nicht der Erhaltungszustand überprüfen; und nachträgliche Reklamationen erweisen sich oft als schwierig. Das Auktionshaus »Christie's« in London ist eine Quelle für hochwertige Schreibgeräte.

Erwähnen als Bezugsquelle muß man auch die Trödel- und Antiquitätenmärkte. Jedoch findet man selten hochwertige Schreibgeräte, hier taucht eher die Masse auf. Eine weitere Bezugsadresse, die ich Ihnen nicht vorenthalten möchte, ist mein eigener Versand für historische Schreibgeräte. Hier kann jeder Sammler nach seinen individuellen Bedürfnissen etwas finden. Suchlisten werden gerne unverbindlich entgegengenommen.

Nachdem Sie nun einige Stücke zusammengetragen haben, stehen Sie wahrscheinlich vor dem Problem des Reparierens und des Polierens. Zweiteres läßt sich mühelos selbst durchführen. Als gute Politur erweist sich die Creme »Centralin«. Hiermit läßt sich fast jedes Material auf Hochglanz bringen. Optimal sind Poliermaschinen, deren Anschaffung jedoch nicht billig ist. Sicherlich kennt jeder einen netten Schuster, der Sie mal an seine Maschine läßt.

Das Reparieren der Schreibgeräte, sofern man Wert auf ein funktionstüchtiges Schreibgerät legt, gestaltet sich meist als der schwierigste Teil. Häufig benötigt man Ersatzteile, die nur durch »Schlachten« eines ähnlichen Füllers verfügbar sind. Sie sollten vor dem Kauf gut abwägen, ob das Schreibgerät die Reparaturkosten wert ist, denn z. B. eine originale Feder aus den 30er Jahren kann teurer als der ganze Halter sein. Auch auf diesen Punkt können Sie mich gerne ansprechen. Generell sollten Sie jeden Füller reinigen und von Tintenresten befreien. Hierzu eignet sich unser Leitungswasser. Sollten Sie einen Füller gefüllt haben und ihn längere Zeit nicht benutzen wollen, spülen Sie ihn mit klarem Wasser aus. Gerade schwarze Tinte (darin sind besonders viele Teilchen Schellack enthalten) klumpt nach einer gewissen Zeit gerne, und dann ist das Reinigen umso schwieriger.

Nun ergibt sich das Problem der Lagerung. Bei einer kleinen überschaubaren Menge, reicht sicherlich das Unterbringen in den dazugehörenden Etuis (falls vorhanden). Das kann jedoch schon bei z. B. 20 Schreibgeräten zum Chaos führen, da man dann gar nichts mehr findet.

Als Alternative empfehle ich Rillenbrettchen, die man sicherlich in kleineren Schreibwarengeschäften für ein paar Mark kaufen kann, sofern sie nicht mehr gebraucht werden. Für den fortgeschrittenen Sammler, bzw. für jeden der auf Sammlertreffen geht, gibt es Etuis zu kaufen, die je nach Größe, über 40 Füller aufnehmen können. Für die Lagerung zu Hause sollte man sich am Wert der Sammlung orientieren und diesbezüglich vorsorgen. Neben der obligatorischen Hausratversicherung, die – meist allerdings mit einem Zuschlag! – ebenfalls Sammlungen beinhaltet, deren Versicherungswert durch ein Aufpreis noch prozentual erhöht werden kann, sollte man ab einem Sammlungswert von mehr als 30% der versicherten Hausratssumme einen Sicherheitsschrank kaufen, minimum Sicherheitsstufe »B«, besser noch Stufe »C«, im letzteren sind Sammlungen bis DM 200.000,– versichert.

Ich wünsche Ihnen viel Spaß beim Sammeln!

Regina Martini
Birkerfeld 16
51429 Bergisch-Gladbach

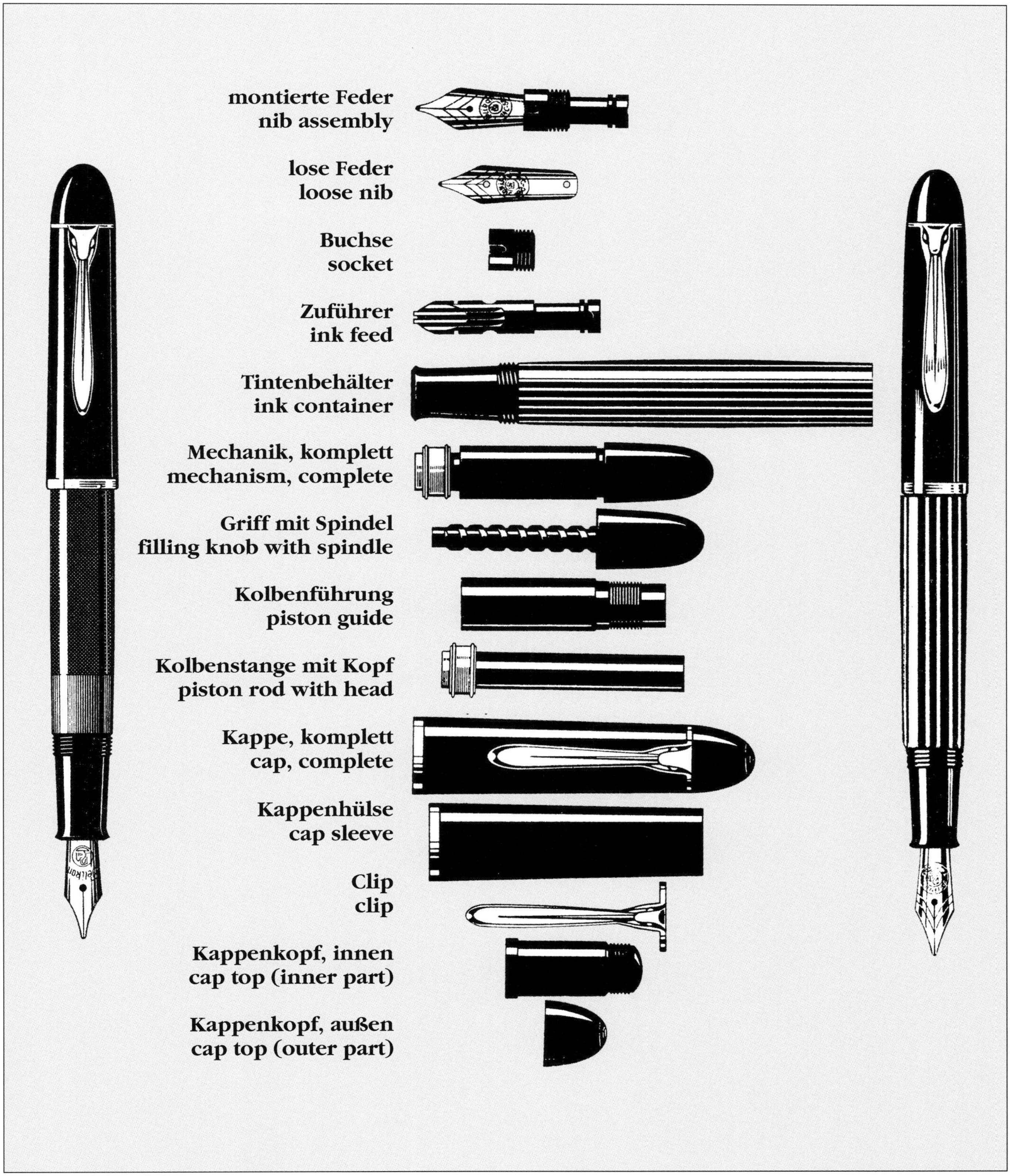
montierte Feder
nib assembly
lose Feder
loose nib
Buchse
socket
Zuführer
ink feed
Tintenbehälter
ink container
Mechanik, komplett
mechanism, complete
Griff mit Spindel
filling knob with spindle
Kolbenführung
piston guide
Kolbenstange mit Kopf
piston rod with head
Kappe, komplett
cap, complete
Kappenhülse
cap sleeve
Clip
clip
Kappenkopf, innen
cap top (inner part)
Kappenkopf, außen
cap top (outer part)

Ebenso interessant für den Techniker/Mechaniker wie für den Historiker: eine kaiserliche Patentschrift von 1913 für die Heidelberger Firma Koch, Weber & Co.

Rechts: Die Zeichnungen zur Patentschrift geben Einblick in die besondere Mechanik.

KAISERLICHES PATENTAMT.

AUSGEGEBEN DEN 8. DEZEMBER 1913.

PATENTSCHRIFT

— № 268152 —

KLASSE 70*b*. GRUPPE 4/30

HEIDELBERGER FEDERHALTER-FABRIK KOCH, WEBER & CO. IN HEIDELBERG.

Füllfederhalter mit vor- und zurückschiebbarem Schreibfederträger.

Patentiert im Deutschen Reiche vom 21. Dezember 1912 ab.

Die bekannten Füllfederhalter mit vor- und zurückschiebbarem Schreibfederträger, bei denen das Verschieben des Schreibfederträgers und Tintenleiters durch eine mit einem Schraubengang versehene Hülse erfolgt und seine Geradführung durch eine Nut in dem Tintenbehälter oder durch eine oder mehrere schraubengangförmige Nuten im Tintenbehälter geschicht, haben den Nachteil, daß ein Vorwärtsschieben des Tintenleiters so weit erfolgen kann, daß eine Schädigung des Halters oder Leiters hervorgebracht wird. Dieser Übelstand soll nach der Erfindung ohne Verwendung von Brems- oder Reibungsgesperren vermieden werden, deren Wirkung bekanntlich von Federn oder Pressungen abhängig ist. Nach der Erfindung mündet die der Führung des Stiftes dienende gerade oder schraubengangförmige Nut in eine Ringnut, in welche der Stift am Ende seiner zulässigen Bahn, d. h. sobald der Abschlußkegel die Schließlage eingenommen hat, eintritt. Es wird daher der Kegel in der Schließstellung gehalten. Eine weitere Drehung des Tintenleiters oder des mit ihm verbundenen Drehknopfes hat dabei keinerlei Einfluß auf den Vorwärtsgang des Tintenleiters.

Auf der Zeichnung zeigen:

Fig. 1 einen Längsschnitt durch den neuen Füllfederhalter, der Tintenleiter ist in der zurückgezogenen Stellung gezeichnet,

Fig. 2 einen gleichen Schnitt, der Tintenleiter befindet sich hier in vorgeschobener Stellung, und

Fig. 3 einen Längsschnitt durch einen Füllfederhalter in anderer Ausführungsform.

Die bekannte Führungsnut *i* läuft in eine im Zylinder herumlaufende Nut *k* aus (Fig. 1 und 2). Diese Führungsnut *i* verhindert die Drehung des Stiftes *c* und somit des Tintenleiters *b*, so daß bei der Drehung der Hülse *f* lediglich eine Längsbewegung des Tintenleiters eintritt. Unmittelbar nachdem der Tintenleiter gegen den vorderen Anschlag *m* trifft, tritt der Stift *c* in die Ringnut *k* ein, so daß ein Überdrehen vollständig ausgeschlossen ist, denn beim Weiterdrehen der Hülse *f* wird sich der Stift *c* lediglich in dieser Ringnut *k* herumdrehen, ohne daß ein weiteres Vorwärtsbewegen des Tintenleiters eintreten kann.

Das Zurückziehen des Tintenleiters erfolgt in bekannter Weise durch Rückwärtsdrehen der Hülse *f*, wobei der Stift *c* aus der Ringnut *k* wieder in die Längsnut *i* übergeht, sobald der Stift *c* die Stelle erreicht, an der die Nut *i* in die Nut *k* übergeht. Dieser Übergang kann in beliebiger Weise, beispielsweise durch besondere Gestaltung der Ringnut oder durch federnde Ausbildung der betreffenden Teile erzwungen werden.

Bei der in Fig. 3 dargestellten Ausführungsform wird das Vor- und Rückwärtsbewegen durch zwei im äußeren Mantel *a* angebrachte schraubengangförmige Nuten *e'* bewirkt, welche nach oben in eine Ringnut *k'* enden. Der Tintenleiter *b* besitzt hier zwei Stifte *c'*, welche sich in geradlinigen Schlitzen der Hülse *f'* führen. Diese Schlitze entsprechen dem Schlitz *i* in der ersten Ausführungsform und sind auf der Zeichnung in Fig. 3 nicht sichtbar. Die Wirkungsweise dieses Halters entspricht genau dem nach Fig. 1 und 2, da nur eine Umkehrung des Schraubenganges *e* und der Geradführung *i* mit Bezug auf die Hülse *f* und den äußeren Mantel *a* vorgenommen worden ist.

Statt der in den beiden gezeichneten Ausführungsformen beschriebenen Ringnut *k*, *k'* könnte man auch den Schraubengang *e* in Fig. 1 an der Stelle aufhören lassen, in welcher der Tintenleiter an den Anschlag *m* stößt, so daß der Stift *c* in dieser Lage durch den zylindrischen Teil der Nut *e* oder das Ende der Hülse *f* geführt würde.

Patent-Anspruch:

Füllfederhalter mit vor- und zurückschiebbarem Schreibfederträger, bei dem das Verschieben des Schreibfederträgers und Tintenleiters durch eine mit einem Schraubengang versehene Hülse erfolgt und seine Geradführung durch eine Nut in dem Tintenbehälter geschieht oder durch eine oder mehrere schraubengangförmige Nuten im Tintenbehälter, dadurch gekennzeichnet, daß die zur Führung des Stiftes *(c)* dienende gerade oder schraubengangförmige Nut *(i* bzw. *e')* in eine Ringnut *(k* bzw. *k')* mündet.

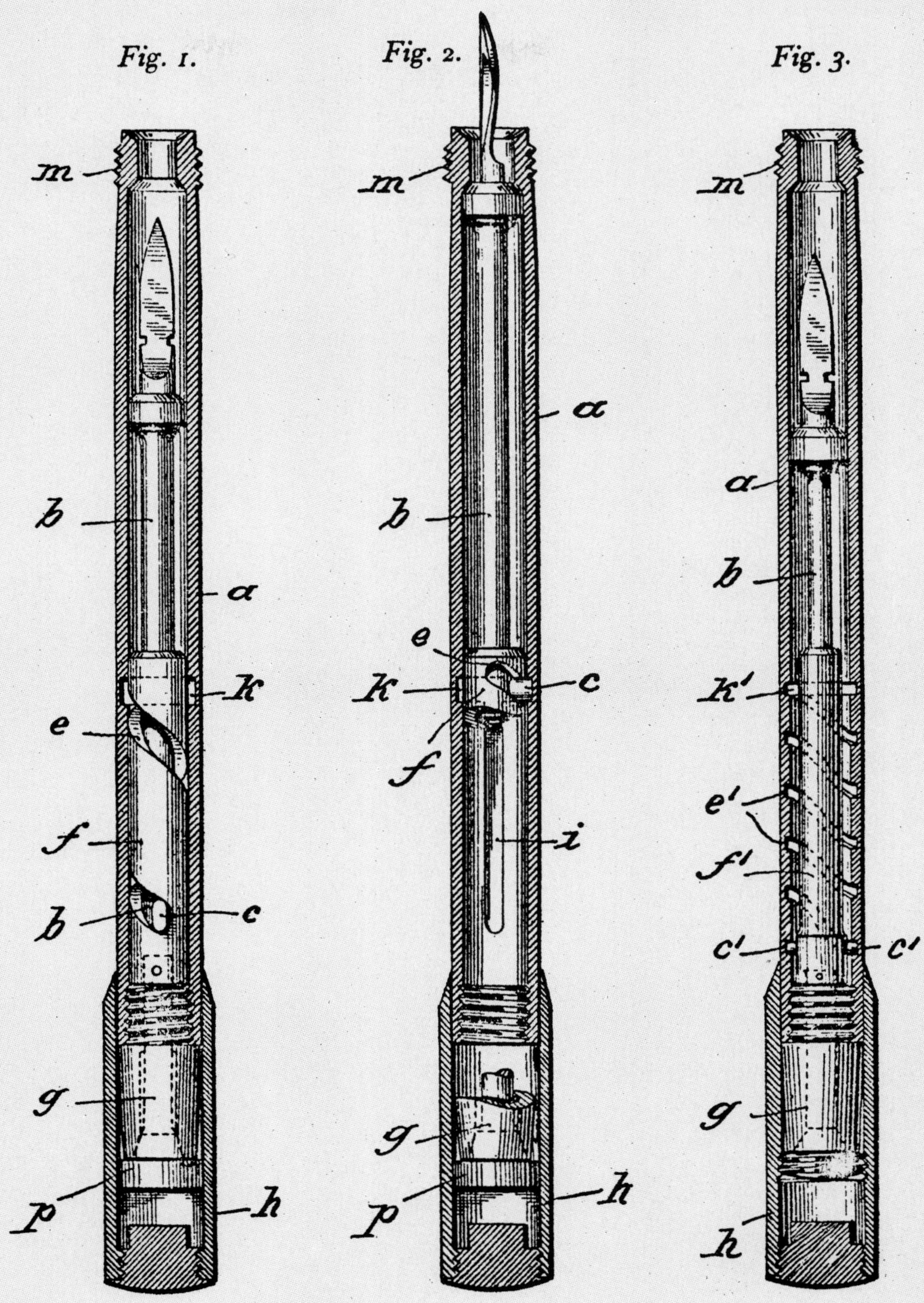

PHOTOGR. DRUCK DER REICHSDRUCKEREI.

Katalogteil

Erklärung der häufig benutzten Abkürzungen

Abkürzung	Erklärung	Ergänzung
9K	9 Karat = 375er Gold	in England üblich
14K	14 Karat = 585er Gold	in Deutschland üblich
15K	15 Karat = 625er Gold	in England üblich
18K	18 Karat = 750er Gold	in Italien + Frankreich üblich
Da.größe	Damengröße	
DBS	Dreh- bzw. Druckbleistift	
Duo	Duofold	Parker
Edel.	Edelstahl	
FH	Füllhalter	
FT	Flat Top	Sheaffer und Parker
gestr.	gestreift	
Guill.	Guilloche	geritztes Muster
KS	Kugelschreiber	
LP	unverbindlicher Ladenpreis Stand August '94	
marm.	marmoriert	
MB	Montblanc	
No.	Nummer	engl. Schreibweise
(o. Abb.)	ohne Abbildung	
RB	Rollerball	
schw.	schwarz	
St.	Streamline	konisch zulaufend
Vacum.	Vacumatic	Parker
verd.	verdeckt(e) (Feder)	
verg.	vergoldet	

Wichtig: Bei mehreren Füllhaltern in einer Abbildung liegen diese in der Reihenfolge der Beschreibung von links nach rechts oder von oben nach unten.

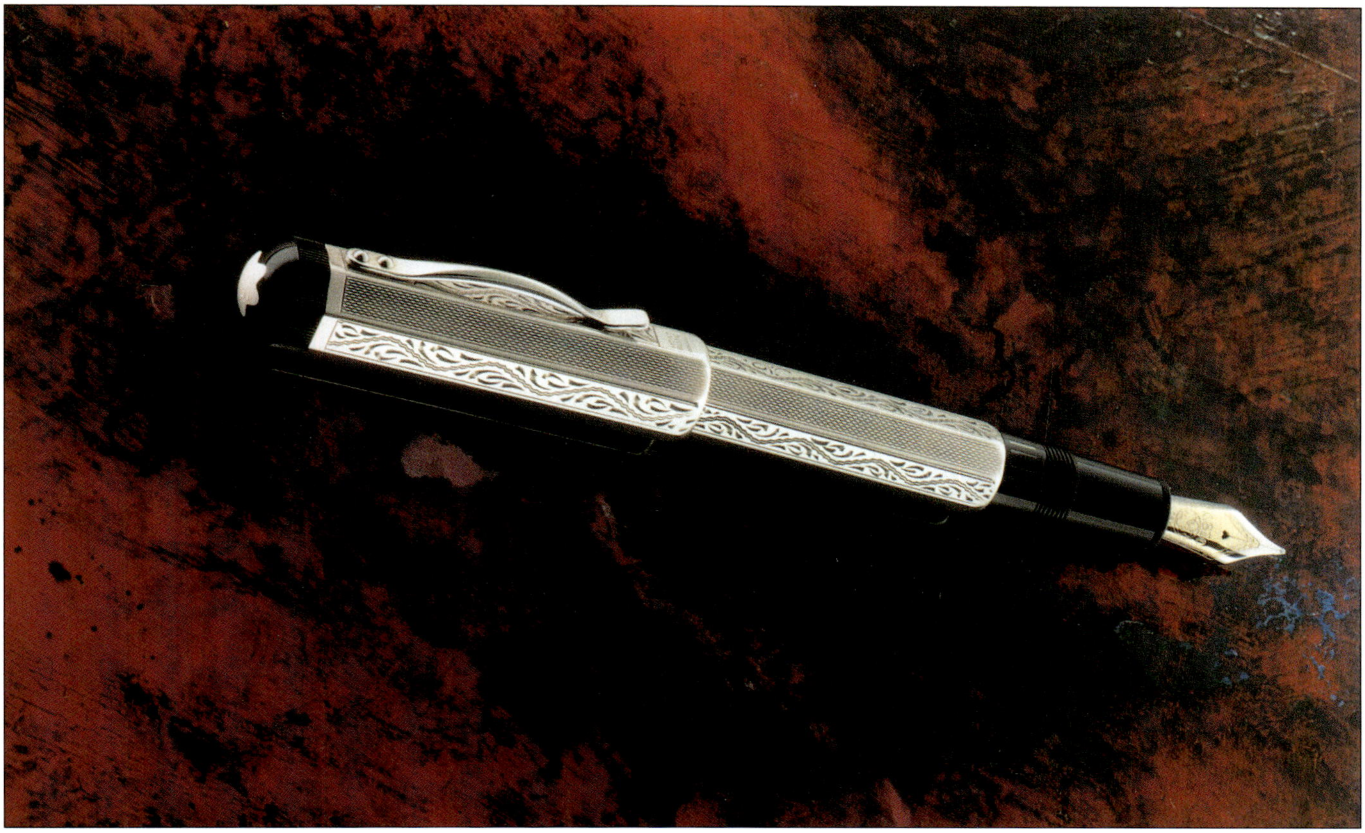

Limitierte Schreibgeräte
Montblanc

Lorenzo de Medici 1992, **4000,– DM**
Sterling Silber

FH Hemingway 1992, orange/schwarz — **LP 950,– DM**

KS Hemingway 1992, orange/schwarz — **LP 480,– DM** (ohne Abb.)

FH Agatha Christie 1993, Schlangenclip in Sterling — **LP 985,– DM**

KS Agatha Christie 1993, Schlangenclip in Sterling — **LP 495,– DM**

DBS Agatha Christie 1993, Schlangenclip in Sterling — **LP 495,– DM**

FH Agatha Christie 1993, goldener Schlangenclip — **1500,– DM** (ohne Abb.)

Octavian 1993, Sterling Silber **3000,– DM**

FH Imperial Dragon 1993, 18 Karat Goldclip **3000,– DM**

FH Imperial Dragon 1993, Silberclip **1500,– DM** (ohne Abb.)

KS Imperial Dragon 1993, Silberclip **600,– DM** (ohne Abb.)

DBS Imperial Dragon 1993, Silberclip **750,– DM** (ohne Abb.)

Louis XIV 1994, Vermeil (Silber vergoldet) **3000,– DM**

FH Oscar Wilde 1994, grün/weiß/schwarz marm. **LP 985,– DM**
KS Oscar Wilde 1994, grün/weiß/schwarz marm. **LP 495,– DM**
DBS Oscar Wilde 1994, grün/weiß/schwarz marm. **LP 495,– DM**

Limitierte Schreibgeräte Pelikan

FH 800 ca. 1991, grün transparent	**800,– DM**
KS 800 1994, grün transparent	**400,– DM** (ohne Abb.)
FH Blue Ocean 1993, blau transparent	**LP 780,– DM** bzw.
KS Blue Ocean 1993, blau transparent	**LP 1100,– DM** (Set)
FH Hunting 1994, grün/Silberbinde	**LP 1900,– DM**

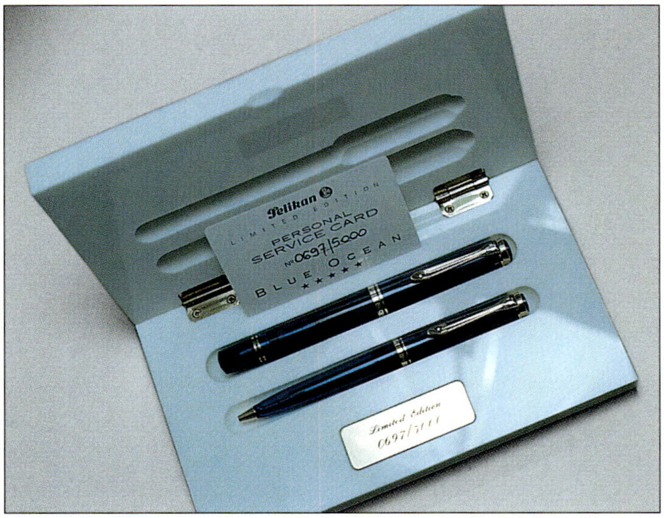

Limitierte Schreibgeräte Fisher

Fisher Space pen 1994, titanveredelt	**LP 49,– DM**

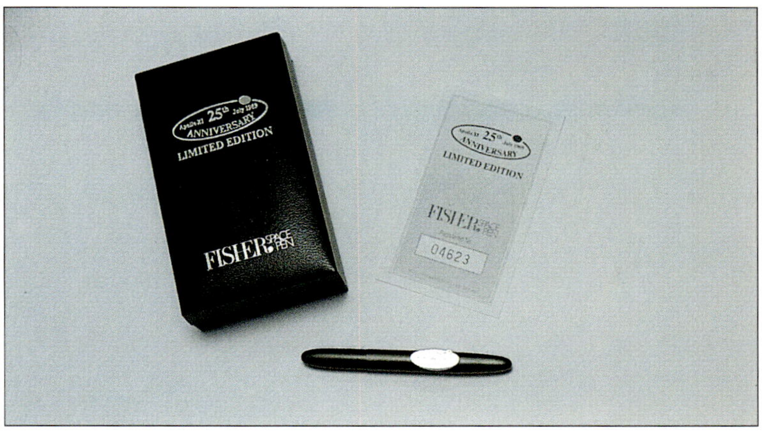

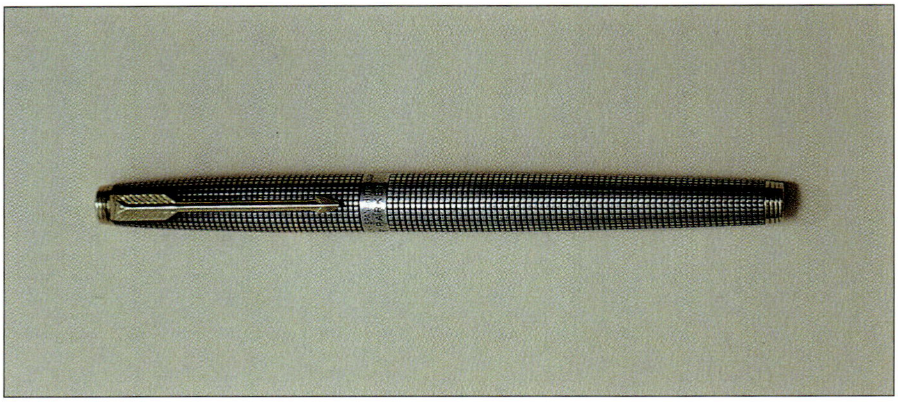

Limitierte Schreibgeräte Parker

Holy Water Sprinkler **500,– DM**
ca. 1965, Weihwassersprenkler

75 Treasure Pen 1966, Sterling Silber **1000,– DM**

75 Zinn 1976, **1200,– DM**

Wood Pen Bruyère 1982, Holz aus Nordafrika **800,– DM**
Wood Pen Pockholz 1982, Holz aus Jamaika **800,– DM**
Wood Pen Partridge 1982, Holz aus Mittelamerika **800,– DM**
Wood Pen Peru Palisander 1982, Holz aus Peru **800,– DM**
Wood Pen Königsholz 1982, Holz aus Brasilien **800,– DM**
Wood Pen Grenadill 1982, Holz aus Tansania **800,– DM**
Wood Pen Cocobolo 1982, Holz aus Nicaragua **800,– DM**
Wood Pen Cocus 1982, Holz aus Dominikan. Rep. **1000,– DM**
Das Holz aus der Dominikan. Republik unterlag kurze Zeit später dem Ausfuhrstopp. Deswegen wurde von diesem Wood Pen erheblich weniger produziert.

Limitierte Schreibgeräte Parker, Waterman

Parker Spiderweb 1992, Silber, Spinnenmuster **2500,– DM**
Par. Butterfly and Flowers 1994, Silber, Blumen **2500,– DM**
Parker Art Moderne 1994, Silber, Art Deco **2500,– DM** (ohne Abb.)
Parker Windows 1994, Silber, gothische Fenster **2500,– DM** (ohne Abb.)
Parker Hand Engraved 1994, Silber, florale Verzierung **2500,– DM** (ohne Abb.)
Spiderweb hat eine Auflage von 1500, alle anderen von 500 Stück. Alle Halter sind private Produktionen, bei denen der Duofold bearbeitet wurde.
Alle Ausführungen gibt es ebenfalls in 14 Karat Gold. Auflage je 100 Stück, Sammlerpreis 5000,– DM Stück.

Waterman FH Man 100 1989, schwarz **400,– DM** (ohne Abb.)
Waterman KS Man 100 1989, schwarz **200,– DM**

Burnham

The Burnham ca. 1935, Red Riple	**150,– DM**
DBS ca. 1950, blau/gold marmoriert	**25,– DM**
DBS ca. 1950, grün marmoriert	**25,– DM**
DBS ca. 1950, rot marmoriert	**25,– DM** (ohne Abb.)
DBS ca. 1950, grau marmoriert	**25,– DM** (ohne Abb.)
DBS ca. 1950, schwarz	**25,– DM** (ohne Abb.)
No. 44 ca. 1950, schwarz	**25,– DM**
No. 44 ca. 1950, rot/grau marmoriert	**35,– DM**
No. 44 ca. 1950, grün marmoriert	**35,– DM** (ohne Abb.)
No. 44 ca. 1950, blau marmoriert	**35,– DM** (ohne Abb.)
No. 48 ca. 1950, grau marmoriert	**50,– DM**
No. 48 ca. 1950, grün marmoriert	**50,– DM**
No. 48 ca. 1950, rot marmoriert	**50,– DM** (ohne Abb.)
No. 49 ca. 1950, grau	**25,– DM**
No. 49 ca. 1950, blau marmoriert	**35,– DM**
No. 50 ca. 1950, schwarz	**50,– DM**
No. 56 ca. 1950, schwarz	**25,– DM**
No. 65 ca. 1950, schwarz	**50,– DM**

Conway Stewart
(1905 – 1975)

No. 36 ca. 1950, rot gestreift	**75,– DM**
No. 36 ca. 1950, grün gestreift	**75,– DM**
No. 36 ca. 1950, schwarz	**50,– DM** (ohne Abb.)
No. 58 ca. 1950, blau marmoriert	**125,– DM**
No. 58 ca. 1950, grün (Candy Stripe)	**125,– DM**
No. 58 ca. 1950, grau (Candy Stripe)	**125,– DM** (ohne Abb.)
No. 58 ca. 1950, gold/braun marm.	**125,– DM** (ohne Abb.)
No. 58 ca. 1950, schwarz	**75,– DM**
No. 388 ca. 1950, blau marmoriert	**75,– DM**
No. 388 ca. 1950, braun marmoriert	**75,– DM**
No. 388 ca. 1950, grün marmoriert	**75,– DM**
No. 388 ca. 1950, rot marmoriert	**75,– DM**
No. 388 ca. 1950, schwarz	**50,– DM**

No. 85 L ca. 1950, rot marmoriert	**90,– DM**
No. 85 L ca. 1950, grün marmoriert	**90,– DM** (ohne Abb.)
No. 85 L ca. 1950, blau/gold	**125,– DM**
No. 85 L ca. 1950, blau (Herringbone)	**150,– DM**
No. 85 L ca. 1950, grün (Herringbone)	**150,– DM** (ohne Abb.)
No. 85 L ca. 1950, schwarz	**50,– DM**
No. 84 ca. 1950, rot marmoriert	**75,– DM**
No. 84 ca. 1950, blau marmoriert	**75,– DM**
No. 84 ca. 1950, grün marmoriert	**75,– DM** (ohne Abb.)
No. 84 ca. 1950, grün/braun marm.	**75,– DM** (ohne Abb.)
No. 84 ca. 1950, grün/gold marmoriert	**90,– DM**
No. 84 ca. 1950, blau/gold marmoriert	**90,– DM**
No. 84 ca. 1950, schwarz	**40,– DM** (ohne Abb.)
No. 27 ca. 1950, blau marmoriert	**125,– DM**
No. 27 ca. 1950, grün marmoriert	**125,– DM** (ohne Abb.)
No. 27 ca. 1950, schwarz	**75,– DM**

No. 15 ca. 1950, blau marmoriert	**60,– DM**
No. 15 ca. 1950, grün marmoriert	**60,– DM**
No. 15 ca. 1950, rot marmoriert	**60,– DM**
No. 15 ca. 1950, schwarz	**30,– DM** (ohne Abb.)
No. 75 ca. 1950, blau marmoriert	**100,– DM**
No. 475 ca. 1940, blau marmoriert	**125,– DM**
No. 73 ca. 1950, blau marmoriert	**125,– DM**
No. 759 ca. 1950, blau	**125,– DM**
No. 286 ca. 1950, grün marmoriert	**75,– DM**
No. 286 ca. 1950, blau marmoriert	**75,– DM**
No. 286 ca. 1950, gold marmoriert	**75,– DM**
No. 286 ca. 1950, schwarz	**40,– DM**

No. 330 ca. 1935, Scribe in schwarz	**75,– DM**
No. 356 ca. 1935, International schwarz	**60,– DM**
No. 200 ca. 1935, schwarz	**75,– DM**
No. 28 ca. 1950, braun (Tiger's Eye)	**90,– DM**
No. 28 ca. 1950, (Candy Stripe)	**75,– DM**
No. 466 ca. 1950, rot marmoriert	**75,– DM**
No. 60 Executive ca. 1950, rot marmoriert	**125,– DM**
No. 67 ca. 1960, rot/Edelstahl	**25,– DM**
No. 104 ca. 1960, rot	**25,– DM**

Dinkie 550 ca. 1950, blau marmoriert	**50,– DM**
Dinkie 550 ca. 1950, grün marmoriert	**50,– DM**
Dinkie 550 ca. 1950, rot marmoriert	**50,– DM**
Dinkie 550 ca. 1950, blau/braun marmoriert	**50,– DM** (ohne Abb.)
Dinkie 540 ca. 1950, blau/gold marmoriert	**50,– DM**

Nippy ca. 1940, grün marmoriert	**25,– DM**
Nippy ca. 1940, blau marmoriert	**25,– DM**
Nippy ca. 1940, rot marmoriert	**25,– DM** (ohne Abb.)
Nippy ca. 1940, schwarz	**15,– DM** (ohne Abb.)
Duro Point No. 2 ca. 1940, hellgrün marmoriert	**40,– DM**
Nippy No. 3 ca. 1950, rot marmoriert	**25,– DM**
Nippy No. 3 ca. 1950, blau marmoriert	**25,– DM** (ohne Abb.)
Nippy No. 3 ca. 1950, grün marmoriert	**25,– DM** (ohne Abb.)
Nippy No. 3 ca. 1950, schwarz	**15,– DM** (ohne Abb.)
No. 25 ca. 1950, rot marmoriert	**25,– DM**
No. 25 ca. 1950, blau marmoriert	**25,– DM**
No. 25 ca. 1950, grün marmoriert	**25,– DM** (ohne Abb.)
No. 25 ca. 1950, schwarz	**15,– DM** (ohne Abb.)

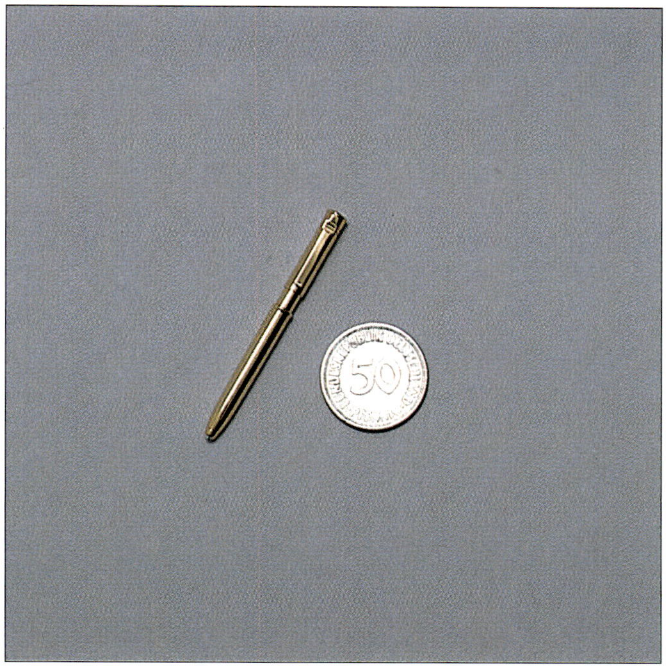

Diplomat (1922 – heute)

KS Diplomat ca. 1950, schwarz	**5,– DM**
KS Diplomat ca. 1960, schwarz/verg. Kappe	**5,– DM**
KS Diplomat ca. 1960, braun/verg. Kappe	**5,– DM**
FH Diplomat ca. 1960, schwarz/Alu. Kappe	**5,– DM**
KS Diplomat 76 ca. 1960, rot gestreift	**10,– DM**
FH Diplomat 22 ca. 1960, rot gestreift	**30,– DM**

1981 wurde Diplomat von der Firma Imco J. Michaelis übernommen. Die komplette Produktpalette wurde ausgetauscht.

Attaché DBS vergoldet 1992, kleinster DBS der Welt	**LP 49,– DM**

Attaché FH Stratos 1990, blau lasierend	**LP 75,– DM**
Attaché FH Sierra 1992, rosaroter Lack	**LP 75,– DM**
Attaché FH Midnight 1989, schwarz guillochiert	**LP 85,– DM**
Attaché FH Gun Metall 1989, anthrazit	**LP 75,– DM**
Attaché KS Chrom ca. 1988, verchromt	**LP 65,– DM**
Epoque FH Chrom ca. 1988, verchromt	**LP 95,– DM**
Epoque FH Ind. Summer 1992, orange marmoriert	**LP 135,– DM**
Epoque FH Gun Metall ca. 1989, anthrazit	**LP 115,– DM**
Epoque KS Titan ca. 1989, titanveredelt	**LP 175,– DM**
Lord KS Marmor blau 1992, blau marmoriert	**LP 85,– DM**
Lord FH Gun Metall ca. 1989, anthrazit	**LP 115,– DM**
Embassy KS 1993, schwarzer Lack	**LP 59,– DM**
Embassy KS 1993, grün marmoriert	**LP 79,– DM**

Classic Marmor KS LP 105,– DM
1992, grün marmoriert
Classic Tabac FH LP 155,– DM
ca. 1989, braun marmoriert
Classic Marmor KS LP 105,– DM
ca. 1990, blau marmoriert

Esterbrook
(1933 – 1971)

Relief No. 1 ca. 1935, schwarz **60,– DM**

Esterbrook 1938, Perlmutt rot **40,– DM**
Esterbrook 1938, schwarz **30,– DM**
Esterbrook ca. 1960, rot **30,– DM**
Esterbrook ca. 1960, schwarz **30,– DM**

Esterbrook 1950, **20,– DM**
grau
Esterbrook 1950, **20,– DM**
grün
Esterbrook 1950, **30,– DM**
Perlmutt blau

Esterbrook 1950, **30,– DM**
blau gestrichelt
Esterbrook 1950, **25,– DM**
schwarz
Esterbrook 1950, **40,– DM**
Perlmutt grün

Esterbrook 1950, **40,– DM**
Perlmutt grau
Esterbrook 1950, **30,– DM**
schwarz

Esterbrook produzierte diese Serie in 5 Größen.

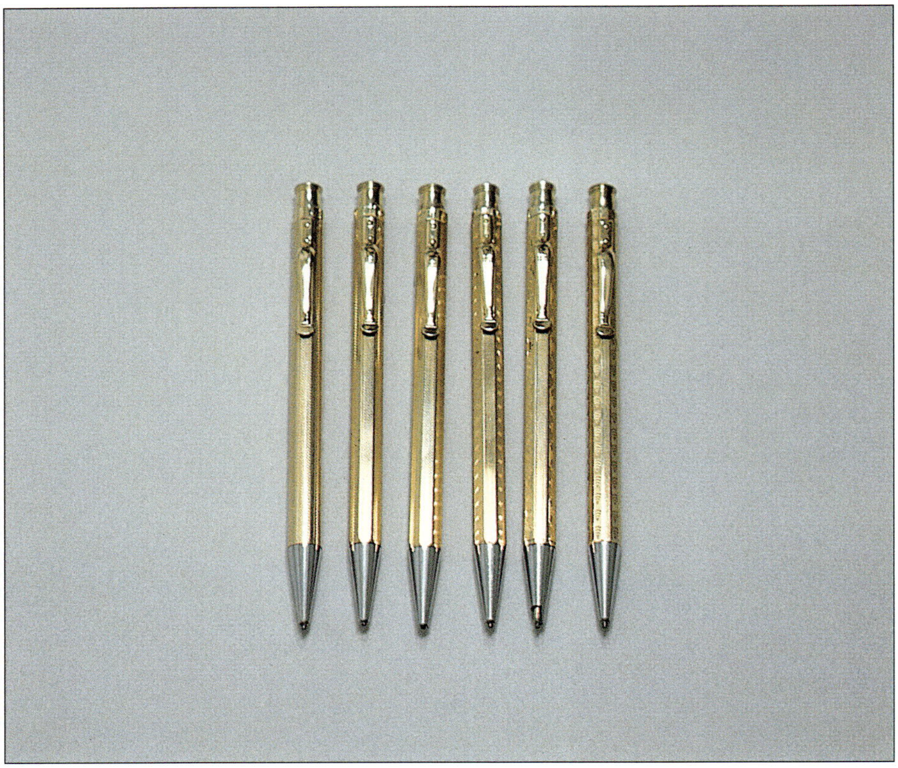

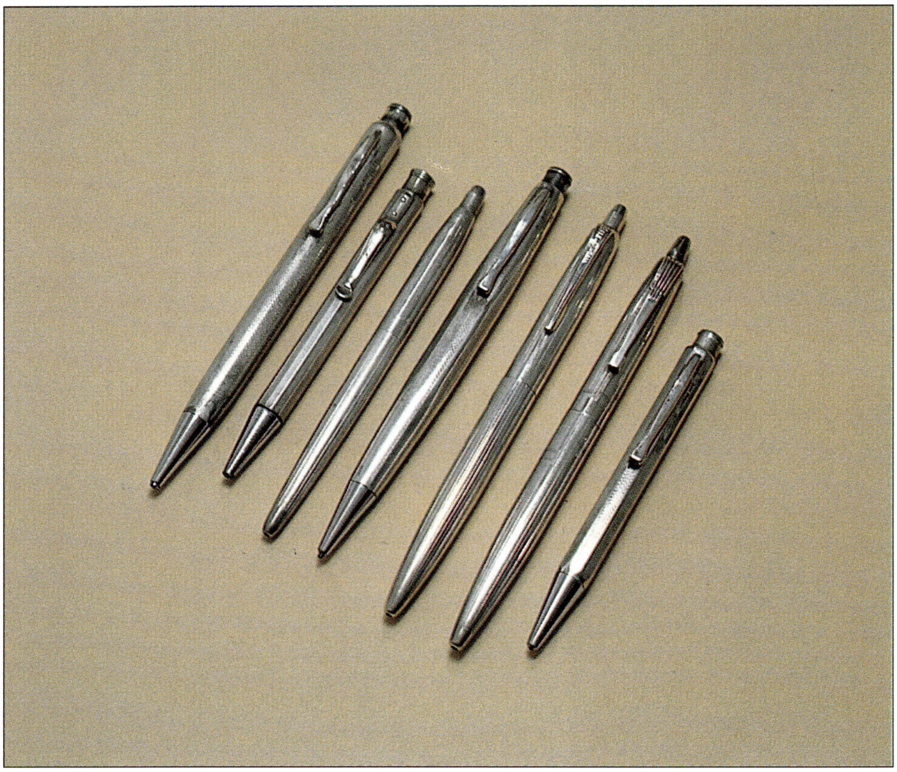

Fend

DBS Normix ca. 1950, rund, Wellenguilloche	**60,– DM**
DBS Normix ca. 1950, 8eckig, Wellenguilloche	**60,– DM**
DBS Normix ca. 1950, Streifen und Wellen	**60,– DM**
DBS Normix ca. 1950, Streifen mit N Muster	**75,– DM**
DBS Normix ca. 1950, Wellen mit Art Deco	**75,– DM**
DBS Normix ca. 1950, Streifen + Querwellen	**75,– DM**

Alle Bleistifte sind vergoldet.

DBS Normix ca. 1950, 900er Silber	**30,– DM**
DBX Normix ca. 1950, versilbert	**20,– DM**
KS Truxa ca. 1960, versilbert ohne Clip	**20,– DM**
DBS Normix ca. 1950, 900er Silber	**40,– DM**
KS Truxa ca. 1960, 900er Silber	**40,– DM**
KS Truxa ca. 1960, versilbert	**30,– DM**
DBS Normix ca. 1950, 900er Silber	**40,– DM**

rechte Seite, links oben

4-Farb Truxa ca. 1950, versilbert	**20,– DM**
4-Farb Truxa ca. 1950, Walzgold	**30,– DM**
6-Farb Norma ca. 1950, Alpacca versilbert	**40,– DM**
2-Farb Super Norma ca. 1960, 900er Silber	**40,– DM**
4-Farb Super Norma ca. 1960, versilbert	**20,– DM**
4-Farb Fend ca. 1970, verchromt	**10,– DM**
6-Farb Truxa ca. 1970, verchromt	**30,– DM**

Fend produzierte eine Vielzahl von Mehrfarbstiften, Kugelschreiber + Bleistiften mit verschiedenen Mustern, die jedoch alle ähnlich zu bewerten sind.

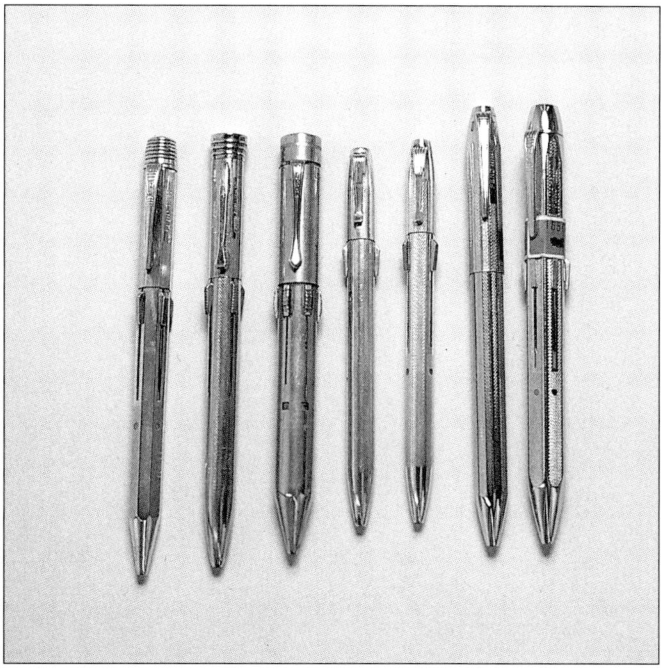

Geha (1918 – 1991)
(1991 Übernahme durch Pelikan)

Geha transparent ca. 1955, Demonstrator	**100,– DM**
780 ca. 1955, schwarz	**60,– DM**
Regent 710 transparent ca. 1955, Demonstrator	**125,– DM**
FH Geha ca. 1955, schwarz	**30,– DM**
Geha Schulfüller ca. 1955, schwarz	**20,– DM**
FH Geha ca. 1955, schwarz	**20,– DM**
FH 760 ca. 1955, schwarz	**50,– DM**
FH 760 ca. 1955, grün gestreift	**100,– DM** (ohne Abb.)
KS 305 ca. 1955, rot	**20,– DM**
KS 305 ca. 1955, schwarz	**10,– DM** (ohne Abb.)
FH 703 G ca. 1960, Aluminium/grün	**10,– DM**
FH Geha ca. 1965, schwarz	**20,– DM**
KS Geha ca. 1965, schwarz	**10,– DM**
FH Jeans ca. 1983, Schulfüller, blau/schwarz	**5,– DM**

Kaweco
(1885 – 1970)

DBS Kaweco No. 0310 100,– DM
ca. 1920, Red Ripple
FH Omega ca. 1910, 200,– DM
Silber mit Email
FH Kaweco No. 603 1914, 150,– DM
schwarz, Sicherheitshalter
DBS Kaweco Spezial 68 30,– DM
ca. 1925, schwarz
Omega war die günstigere Alternative zu den Kaweco Schreibgeräten. Auch Kawecos gab es mit Silbermontur.
Kaweco Transparent 100,– DM
ca. 1950, rot marmoriert
Kaweco Transparent 100,– DM
ca. 1950, grün marmoriert
Kaweco Transparent 100,– DM
ca. 1950, blau marmoriert (ohne Abb.)
Kaweco Transparent 100,– DM
ca. 1950, grau marmoriert (ohne Abb.)
Kaweco Transparent 100,– DM
ca. 1950, gold marmoriert (ohne Abb.)
Kaweco 117 ca. 1960, 100,– DM
schwarz/grüne Linien
FH Kaweco Sport 11 1938, 50,– DM
schwarz, glatt
FH Kaweco Sport 12 1955, 50,– DM
schwarz, glatt
DBS Kaweco 18 1955, 25,– DM
schwarz, glatt
KS Kaweco 1955, 25,– DM
schwarz, glatt (ohne Abb.)
FH Kaweco Sport 1955, 75,– DM
schwarz, V-Guilloche
DBS Kaweco 1955, 30,– DM
schwarz, V-Guilloche (ohne Abb.)

Kaweco Elite 183 a 1938, schwarz — **50,– DM**

Kaweco Elite 187 a 1938, schwarz — **75,– DM**

Kaweco Elite 190 a 1938, schwarz — **100,– DM**

Kaweco Kadett 45 a ca. 1945, schwarz — **30,– DM**

Kaweco Kadett 475 N ca. 1950, schwarz — **30,– DM**

Kaweco Colleg 55 a ca. 1950, schwarz — **40,– DM**

Kaweco Dia 802 1938, grün marmoriert — **100,– DM**

Kaweco Dia 802 1938, rot marmoriert — **100,– DM** (ohne Abb.)

Kaweco Dia 802 1938, blau marmoriert — **100,– DM** (ohne Abb.)

Kaweco Dia 787 1938, schwarz — **50,– DM**

Kaweco Dia 85 a 1938, schwarz — **50,– DM**

Kaweco Dia 802 N ca. 1950, schwarz — **50,– DM**

Kaweco Dia 802 G ca. 1950, rot — **75,– DM**

Kaweco Dia 803 ca. 1950, schwarz — **50,– DM**

Kaweco Dia 805 G ca. 1950, schwarz — **60,– DM**

KS Kaweco 602 1965, grau — **15,– DM**

KS Kaweco 607 1965, schwarz — **10,– DM**

FH V14 S 1965, schwarz/Edelstahl — **20,– DM**

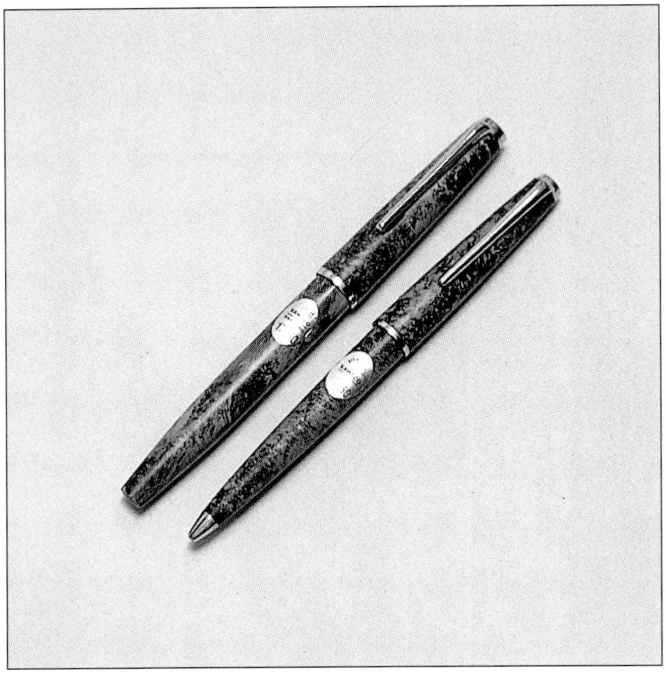

FH Kaweco 1970, türkis marmoriert — **30,– DM**
KS Kaweco 1970, türkis marmoriert — **10,– DM**

Lamy/Artus

(1930 bis heute)

Artus Ballit 42e 1961, schwarz	**30,– DM**
Artus Ballit 42 e 1961, weinrot (ohne Abb.)	**40,– DM**
Artus Ballit 42 e 1961, blaugrün (ohne Abb.)	**40,– DM**
Lamy 99 1962, schwarz	**30,– DM**
Lamy 99 1962, rot (ohne Abb.)	**40,– DM**
Lamy 99 1962, blau (ohne Abb.)	**40,– DM**
Artus Rekord 45 ca. 1963, schwarz	**20,– DM**
Lamy 27 n 1952, schwarz/Edelstahl	**10,– DM**
Lamy 27 n 1952, blau/Edelstahl (ohne Abb.)	**10,– DM**
Lamy 27 n 1952, rot/Edelstahl (ohne Abb.)	**10,– DM**
Lamy 27 1952, Demonstrationsmodell	**100,– DM**
Lamy 27m 1952, schwarz/vergoldet	**40,– DM**
Lamy 27n 1952, blau/vergoldet (ohne Abb.)	**60,– DM**
Lamy 27n 1952, rot/vergoldet	**40,– DM**
Lamy 27 (30n) 1962, schwarz/vergoldeter Clip	**25,– DM**

Ratio 47 p 1962, schwarz/Edelstahl **10,– DM**

Ratio 47 p 1962, blau/Edelstahl **10,– DM** (ohne Abb.)

Ratio 47 p 1962, rot/Edelstahl **10,– DM**

Ratio 46 1961, türkis **15,– DM**

Ratio 46 1961, schwarz **15,– DM** (ohne Abb.)

Ratio 46 1961, rot **15,– DM** (ohne Abb.)

Ratio 46 p 1961, türkis **10,– DM** (ohne Abb.)

Ratio 46 p 1961, schwarz **10,– DM** (ohne Abb.)

Ratio 46 p 1961, rot **10,– DM** (ohne Abb.)

Ratio 49 f ca. 1960 schwarz **15,– DM**

81 1973, schwarz/Edelstahl **30,– DM**

25 p 1969, Edelstahl/schwarz **10,– DM**

25 p 1969, Edelstahl/pink **10,– DM** (ohne Abb.)

25 p 1969, Edelstahl/ocker **10,– DM** (ohne Abb.)

66 p 1971, Demonstrationsmodell **100,– DM**

68 1971, dunkelblau **10,– DM**

68 1971, schwarz **10,– DM** (ohne Abb.)

68 1971, grün **10,– DM** (ohne Abb.)

26 1972, Edelstahl **15,– DM**

86 1974, schwarz **20,– DM**

Mehrere Modelle gab es als Kolben- sowie als Patronenfüller. Die Kennung »p« steht für Patrone.

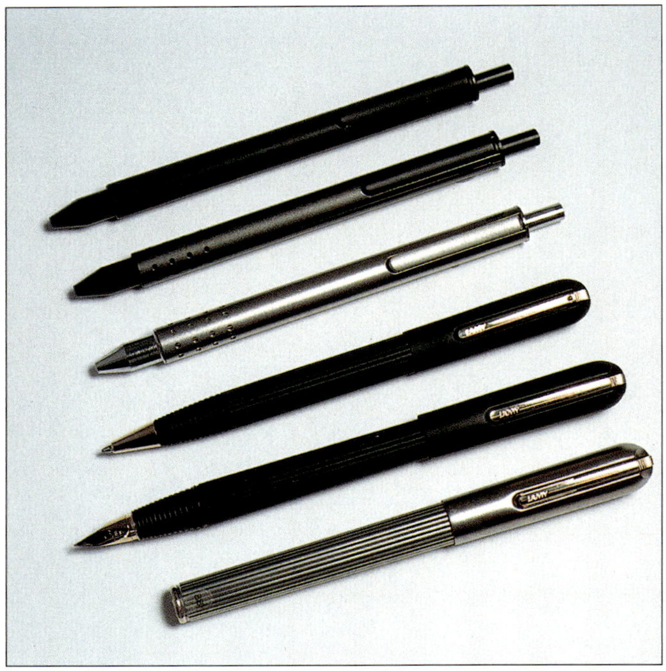

FH 2000 (01) 1966, schwarz	**LP 150,– DM**
KS Safari 1981, grün	**10,– DM**
KS Safari 1981, orange	**10,– DM**
KS Safari 1993, gelb	**LP 16,90 DM**
Lamy Safari transparent ca. 1983, Demonstrater	**50,– DM**
Lamy CP 1 3-Farb KS 1979, Edelstahl strichmattiert	**LP 65,– DM**
Lamy Unic KS 1987, titanveredelt	**LP 98,– DM**
Lamy Twin Pen 1988, titanveredelt	**LP 115,– DM**
Lamy Spirit 1994, Edelstahl	**LP 38,– DM**
RB Swift 1990, schwarz	**LP 49,– DM**
RB Swift 1993, anthrazit	**LP 52,– DM**
RB Swift 1990, Titan	**LP 55,– DM**
Persona KS 1992, schwarz	**LP 195,– DM**
Persona 1992, schwarz	**LP 325,– DM**
Persona KS 1992, Titan (ohne Abb.)	**LP 295,– DM**
Persona FH 1992, Titan	**LP 425,– DM**

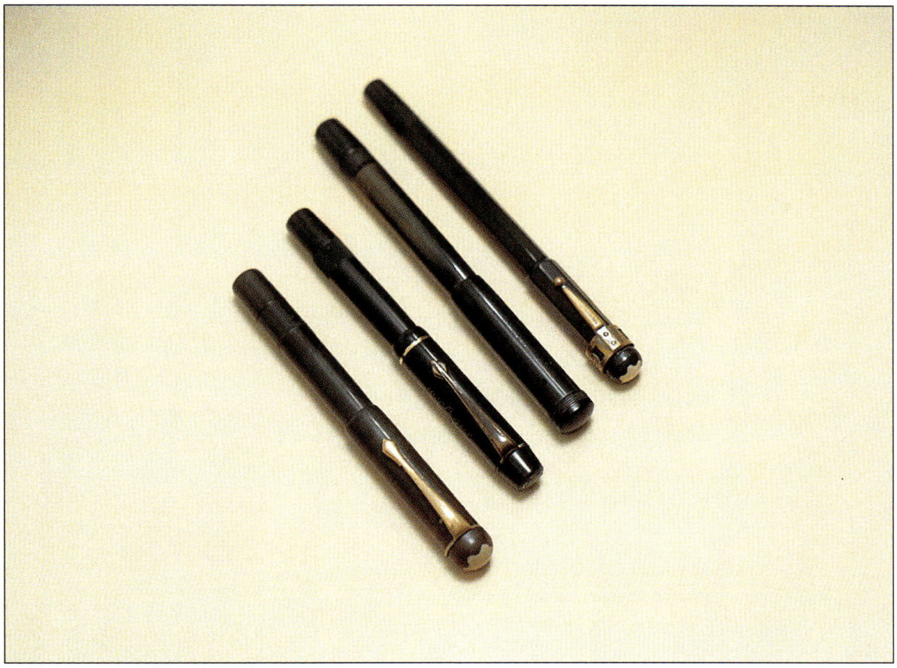

Montblanc
(1908 – heute)

1 Sicherheitshalter 1924, 8-eckig, schwarz **250,– DM**
154 Sicherheitshalter ca. 1930, schwarz **200,– DM**
302 Sicherheitshalter 1935, schwarz **150,– DM**
2 Sicherheitshalter 1920, schwarz **200,– DM**
Sicherheitshalter wurden von Federgröße 00 bis 12 gefertigt. Sicherheitshalter wurden ebenfalls in farbig, mit Gold- und Silberüberzug gefertigt.

1 Sicherheitsh. Stöffhaas, ca. 1925, schwarz **150,– DM**
Stöffhaas war das erste MB Fachgeschäft, welches nur Produkte von MB verkaufte.

Astoria ca. 1925, 18 Karat vergoldet **750,– DM**
Astoria wurde 1921 von dem damaligen MB Betriebsleiter gegründet und wurde 1932 von MB aufgekauft.

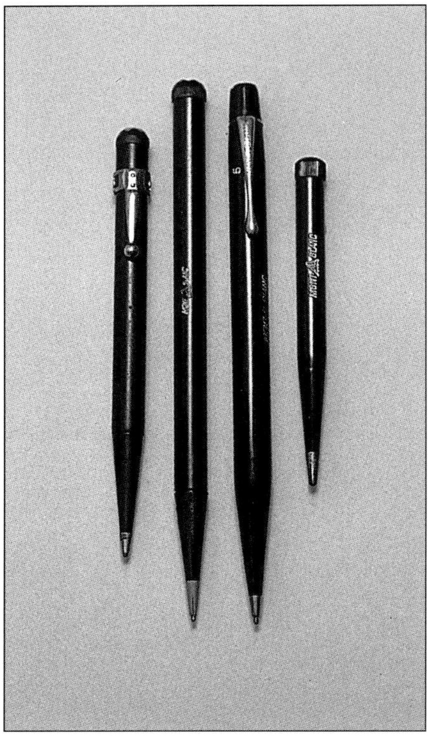

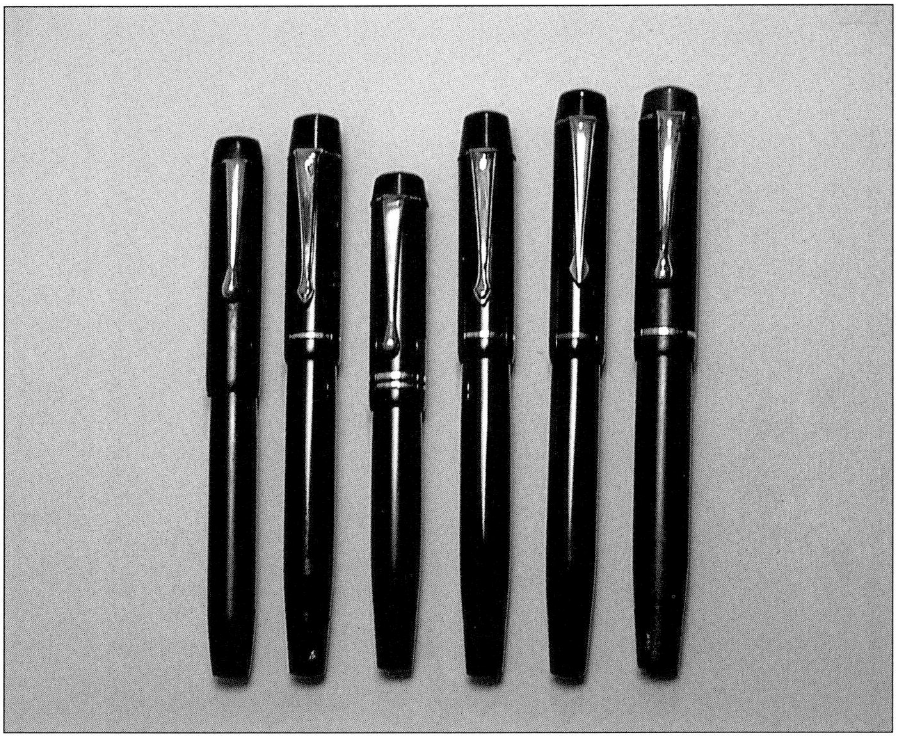

Montblanc

Masterpiece 20 1935, rot	**300,– DM**
Masterpiece 25 1935, rot	**400,– DM**
Masterpiece 30 1935, rot	**500,– DM**
Masterpiece 20 1935, schwarz	**250,– DM** (ohne Abb.)
Masterpiece 25 1935, schwarz	**300,– DM** (ohne Abb.)
Masterpiece 30 1935, schwarz	**350,– DM** (ohne Abb.)
Masterpiece 40 1935, schwarz	**600,– DM** (ohne Abb.)

DBS 1 ca. 1925, schwarz	**75,– DM**
DBS 2 ca. 1925, schwarz	**75,– DM**
DBS 5 ca. 1940, schwarz	**50,– DM**
Kalender DBS ca. 1950, schwarz	**50,– DM**

Excelsior 924 ca. 1930, schwarz	**50,– DM**
Stöffhaas 230 ca. 1930, schwarz	**50,– DM**
MB 221 ca. 1930, schwarz	**50,– DM**
MB 320 ca. 1930, schwarz	**50,– DM**
MB 322 ca. 1930, schwarz	**75,– DM**
MB 324 ca. 1930, schwarz	**100,– DM**

Excelsior war eine MB Untermarke (gegründet 1913).

Modelle für den deutschen Markt wurden zusätzlich in blau-gold, blau, grün und bordeaux gefertigt. Für diese Farben gelten Aufpreise.
Die deutschen Füller sind mit »Meisterstück« gekennzeichnet, die dänischen mit »Masterpiece«.
Die deutschen FH wurden zwischen 1930 und 1931 bis zur Größe 45 gefertigt.

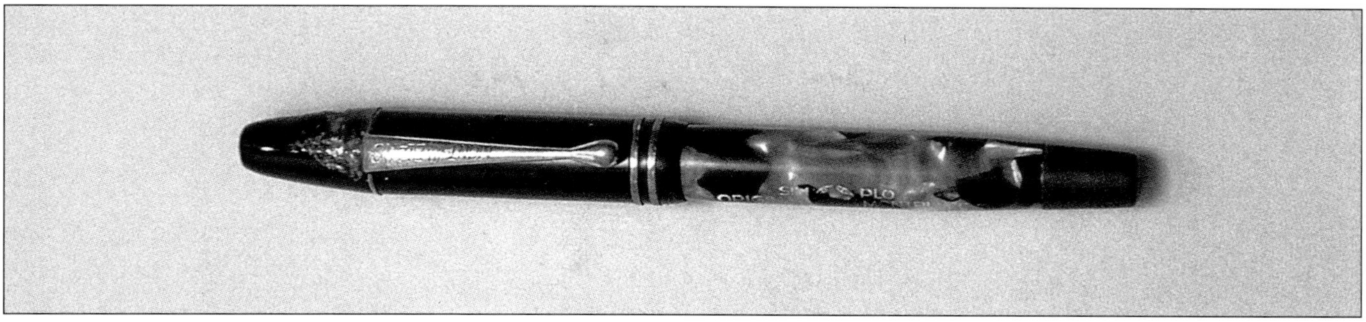

Meisterstück L 25 1931, **300,– DM**
black and pearl
Meisterstück L 30 1931, **400,– DM**
black and pearl (ohne Abb.)
Meisterstück L 35 1931, **500,– DM**
black and pearl (ohne Abb.)
Kappe ist üblich im gleichen Muster des Halters.
Auch in grün marmoriert, blau-gold marmoriert + schwarz vorkommend.

No. 2 1935, **150,– DM**
rot (ohne Abb.)
No. 4 1935, **200,– DM**
rot
No. 6 1935, **250,– DM**
rot (ohne Abb.)
Modelle wurden in Dänemark produziert.

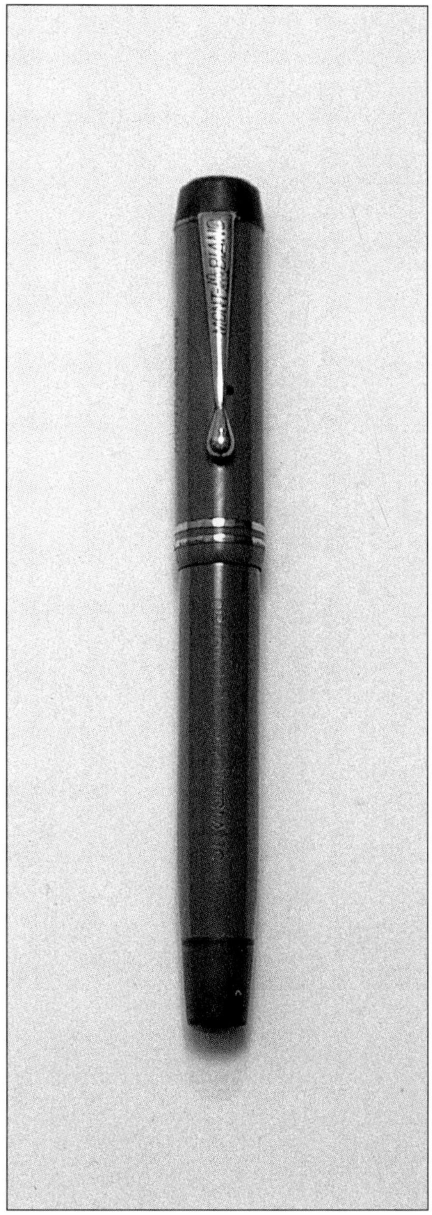

234 1/2 1936, schwarz	**75,– DM**
Stylo 432 1937, schwarz	**100,– DM**
Meisterstück K 132 1938, schwarz	**200,– DM**
DBS 72 G Pix 1938, schwarz	**50,– DM**
Meisterstück 132 1938, schwarz	**200,– DM** (ohne Abb.)
Meisterstück 134 1937, schwarz	**250,– DM** (ohne Abb.)
Meisterstück 136 1937, schwarz	**300,– DM** (ohne Abb.)
Meisterstück 139 1939, schwarz	**500,– DM** (ohne Abb.)
Meisterstück 138 1939, schwarz	**350,– DM** (ohne Abb.)
Meisterstück 136 ca. 1947, schwarz	**400,– DM**

Die Meisterstücke gab es auch als 122, 124 etc. (1935 – 1938), dieses waren Stoßfüllhalter, die oben genannten dagegen sind Kolbenfüller.

12 K ca. 1940, schwarz	**30,– DM**
32 ca. 1925, schwarz/rot	**50,– DM**
40 1935, schwarz	**30,– DM**
72 Pix 1935, schwarz	**30,– DM**

No. 32 gibt es auch in anderen Farbkombinationen, der Farbmine angepaßt.

272 Pix ca. 1945, schwarz	**50,– DM**
54 ca. 1945, schwarz	**50,– DM**
392 Pix 1950, schwarz	**30,– DM**
273 Pix 1956, schwarz	**50,– DM**

202 1950, rot	**100,– DM**
204 1950, rot	**150,– DM**
206 1950, rot (ohne Abb.)	**200,– DM**
202 1950, schwarz	**75,– DM**
204 1950, schwarz (ohne Abb.)	**100,– DM**
206 1950, schwarz	**150,– DM**

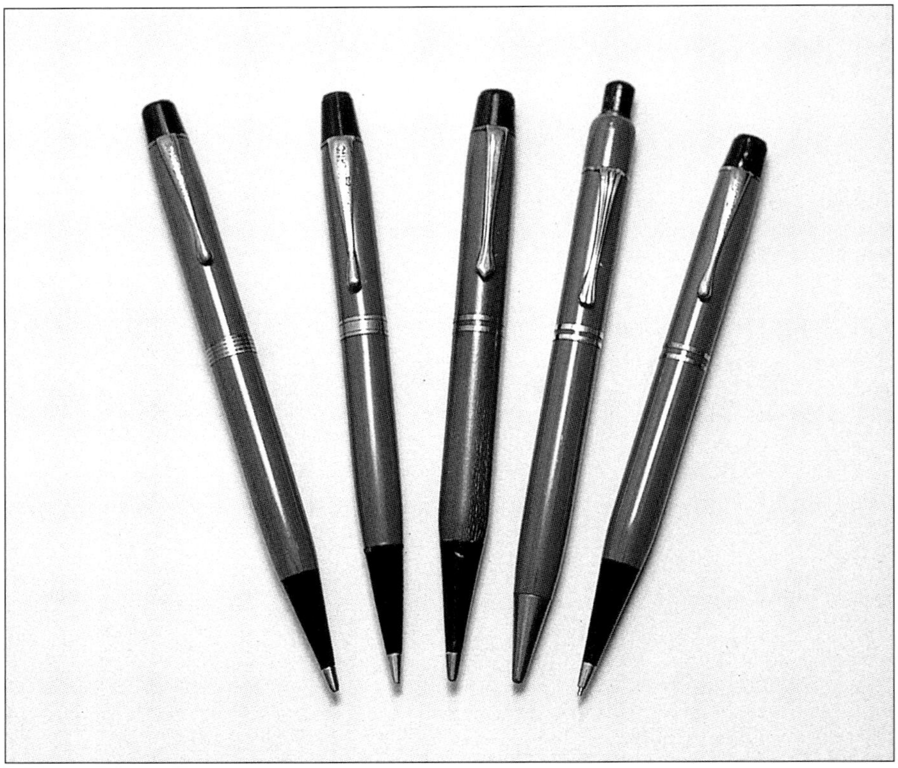

212 1950, rot	**100,– DM**
214 1950, rot (ohne Abb.)	**150,– DM**
216 1950, rot (ohne Abb.)	**200,– DM**
DBS 25 1950, rot	**50,– DM**
212 1950, schwarz (ohne Abb.)	**75,– DM**
214 1950, schwarz (ohne Abb.)	**100,– DM**
216 1950, schwarz	**150,– DM**

17 ca. 1945, rot	**50,– DM**
33 ca. 1945, rot	**50,– DM**
33 ca. 1945, rot	**50,– DM**
72/2 Pix ca. 1935, rot	**75,– DM**
40 1/2 ca. 1945, rot	**50,– DM**

242 1947, schwarz	**75,– DM**
244 1947, schwarz	**100,– DM**
246 1947, schwarz	**150,– DM**
242 1947, rot (ohne Abb.)	**100,– DM**
244 1947, rot (ohne Abb.)	**150,– DM**
246 1947, rot	**200,– DM**
DBS 46 1947, rot	**75,– DM**
244 1947, grün marmoriert	**300,– DM**
246 1947, grün marmoriert	**350,– DM**

Modelle sind dänische Stoßfüllhalter, es gab sie auch in hellgrün marmoriert.

242 1950, schwarz, Kolben	**80,– DM** (ohne Abb.)
244 1950, schwarz, Kolben	**100,– DM**
246 1950, schwarz, Kolben	**200,– DM** (ohne Abb.)

Meisterstück 142 1948, schwarz	**125,– DM**
Meisterstück 144 1948, schwarz	**150,– DM**
Meisterstück 146 1948, schwarz	**200,– DM**
Meisterstück 149 1952, schwarz	**300,– DM** (ohne Abb.)
Meisterstück 144 1958, schwarz, Übergangsmodell	**250,– DM**

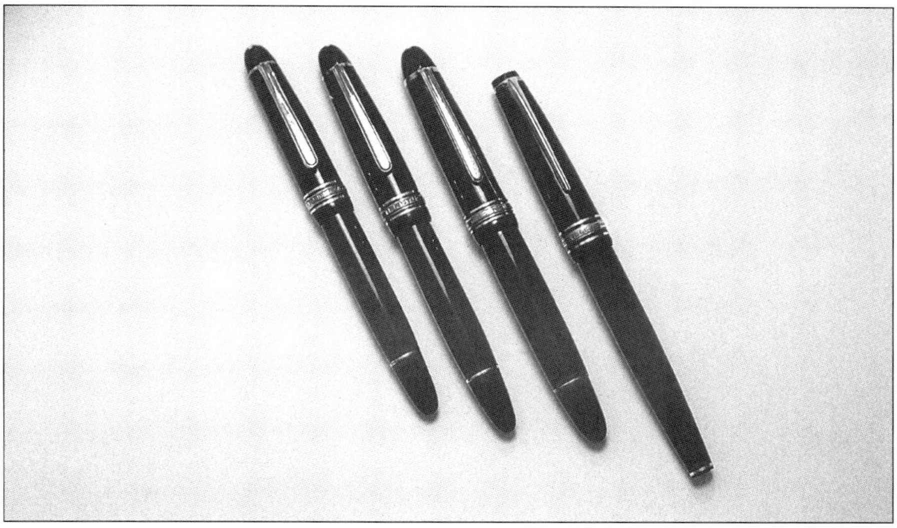

Meisterstück 142 1955, grün gestreift	**300,– DM**
Meisterstück 144 1955, grün gestreift	**400,– DM**
Meisterstück 146 1955, grün gestreift	**500,– DM** (ohne Abb.)
DBS 172 1955, grün gestreift	**125,– DM**

Serie gab es auch in silber/schwarz gestreift. Aufpreis je Größe 100,– DM.

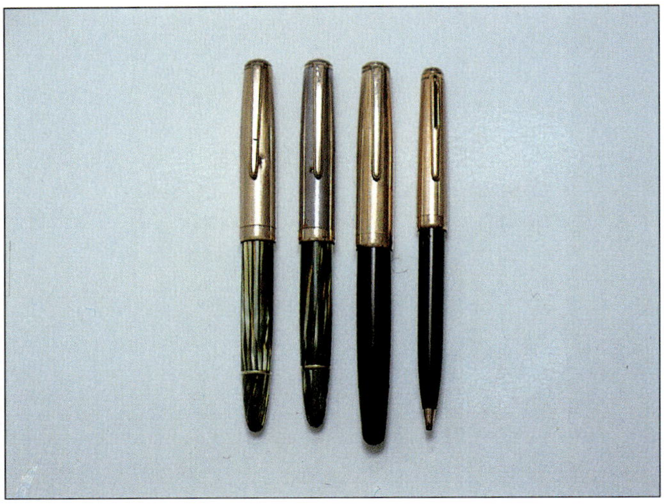

Meisterstück 642 1952, grün marmoriert/vergoldete Kappe	**250,– DM**
Meisterstück 642 1952, grün marmoriert/Silvexa Kappe	**200,– DM**
Meisterstück 642 1952, schwarz/vergoldete Kappe	**200,– DM**
KS 515 1952, schwarz/vergoldete Kappe	**100,– DM**
Meisterstück 644 1952, grün marmoriert/vergoldete Kappe (ohne Abb.)	**300,– DM**
Meisterstück 644 1952, grün marmoriert/Silvexa Kappe (ohne Abb.)	**250,– DM**
Meisterstück 644 1952, schwarz/vergoldete Kappe (ohne Abb.)	**250,– DM**
Meisterstück 742 1952, vergoldet (ohne Abb.)	**350,– DM**
Meisterstück 744 1952, vergoldet (ohne Abb.)	**400,– DM**

742 + 744 gibt es mit gleicher Kennung auch in 14 Karat Gold.

252 1956, schwarz	**75,– DM**
252 1956, grün	**125,– DM**
252 1956, rot	**125,– DM**
254 1956, schwarz	**100,– DM**
254 1956, grün (ohne Abb.)	**150,– DM**
254 1956, rot (ohne Abb.)	**150,– DM**
256 1956, schwarz	**200,– DM**
256 1956, grün (ohne Abb.)	**250,– DM**
256 1956, rot (ohne Abb.)	**250,– DM**
DBS 276 Pix 1956, schwarz (ohne Abb.)	**50,– DM**
DBS 276 Pix 1956, grün	**75,– DM**
DBS 276 Pix 1956, rot (ohne Abb.)	**75,– DM**
KS 215 1956, schwarz	**50,– DM**
KS 215 1956, grün (ohne Abb.)	**75,– DM**
KS 215 1956, rot (ohne Abb.)	**75,– DM**

3-42 G 1958, schwarz	**75,– DM**
344 1958, schwarz	**100,– DM**
346 1958, schwarz (ohne Abb.)	**150,– DM**
DBS 376 Pix 1958, schwarz (ohne Abb.)	**30,– DM**
342 1958, grün	**100,– DM**
344 1958, grün (ohne Abb.)	**150,– DM**
DBS 376 Pix 1958, grün	**75,– DM**
342 1958, rot (ohne Abb.)	**100,– DM**
344 1958, rot (ohne Abb.)	**150,– DM**
DBS 376 Pix 1958, rot	**75,– DM**

4-Farb KS ca. 1960, verchromt	**50,– DM**
Meisterstück 12 1959, schwarz	**75,– DM**
Meisterstück 12 1959, grün	**125,– DM** (ohne Abb.)
Meisterstück 12 1959, grau	**125,– DM**
Meisterstück 14 1959, schwarz	**100,– DM**
Meisterstück 72 1959, schwarz/vergoldete Kappe	**150,– DM**
Meisterstück 74 1959, schwarz/vergoldete Kappe	**200,– DM** (ohne Abb.)
Meisterstück 82 1959, vergoldet	**225,– DM** (ohne Abb.)
Meisterstück 84 1959, vergoldet	**250,– DM** (ohne Abb.)
DBS 16 1959, schwarz	**30,– DM**
FH 121 ca. 1960, schwarz	**60,– DM**
KS 181 ca. 1960, schwarz	**30,– DM**

MB ca. 1965, mattschwarz	**40,– DM**
DBS 250 ca. 1965, mattschwarz	**10,– DM**
MB 220 ca. 1965, mattschwarz	**50,– DM**
MB 126 ca. 1965, schwarz/925 Kappe	**75,– DM**

22 1959, schwarz **40,– DM**

22 1959, rot **60,– DM**

22 1959, grün **60,– DM** (ohne Abb.)

24 1959, schwarz **50,– DM**

31 1959, schwarz **30,– DM**

32 1959, schwarz **40,– DM**

32 1959, rot **75,– DM** (ohne Abb.)

32 1959, grün **75,– DM**

32 S 1959, schwarz/Silvexa Kappe **75,– DM**

34 1959, schwarz **50,– DM**

221 1959, schwarz **50,– DM** (ohne Abb.)

221 1959, grün **75,– DM**

KS 38 1959, schwarz **20,– DM**

DBS 251 1959, schwarz **25,– DM**

KS 28 1959, grün **35,– DM**

DBS 25 1959, rot **35,– DM**

Monte Rosa 042 1958, schwarz	**30,– DM**
Monte Rosa 042 1958, lilablau	**60,– DM**
Monte Rosa 042 1958, grün	**60,– DM**
Monte Rosa ca. 1962, schwarz, eckig	**50,– DM**
Junior 622 ca. 1965, schwarz/Edelstahl	**20,– DM**
KS No. 49 S ca. 1965, schwarz/Edelstahl	**10,– DM**
FH Carrera ca. 1975, gelb/schwarz	**10,– DM**
DBS Carrera ca. 1975, gelb/schwarz	**5,– DM**
FH Carrera ca. 1975, schwarz/Edelstahl	**10,– DM**
KS Carrera ca. 1975, schwarz/Edelstahl	**5,– DM**
Turbo ca. 1975, Edelstahl	**10,– DM**

Alle Schreibgeräte waren preisgünstige Schülerserien.
Monte Rosa gab es mit Gold- und Stahlfeder.

Classic 1968, schwarz, Stahlfeder	**30,– DM**
Classic 1968, rot, Stahlfeder (ohne Abb.)	**35,– DM**
Classic 1968, schwarz, Goldfeder	**40,– DM**
Classic 1968, rot, Goldfeder (ohne Abb.)	**45,– DM**
Classic 1992, schwarz (ohne Abb.)	**LP 198,– DM**
Classic 1992, rot	**LP 198,– DM**
Noblesse 1973, silberplattiert	**30,– DM**
Noblesse 1973, Edelstahl/Goldclip	**30,– DM**
Noblesse 1988, titanveredelt	**75,– DM**
Noblesse 1988, vergoldet	**100,– DM**

Meisterstück 144 1985, schwarz	**LP 335,– DM**
Meisterstück 144 1985, rot (ohne Abb.)	**LP 335,– DM**
Meisterstück 146 1985, schwarz	**LP 475,– DM**
Meisterstück 146 1992, rot (ohne Abb.)	**LP 475,– DM**
Meisterstück 149 1985, schwarz	**LP 635,– DM**
Solitaire 1443 1985, vergoldet, Kornguilloche	**LP 1240,– DM**
Solitaire 1448 1985, Sterling, Fadenguilloche	**LP 955,– DM**

Morrison's

Morrison's Tourist ca. 1930, black and pearl	**250,– DM**
Morrison's ca. 1925, Lady vergoldet/Öse	**75,– DM**
Morrison's ca. 1925, Bleistift vergoldet	**50,– DM**
Morrison's ca. 1925, vergoldet, Wellenguilloche	**125,– DM**
Morrison's ca. 1925, vergoldet, glatt	**125,– DM**
Morrison's ca. 1925, vergoldet, Wellenguilloche	**200,– DM**
Morrison's ca. 1930, schwarz, Wellenguilloche	**50,– DM**
Morrison's DBS ca. 1930, schwarz, Wellenguilloche	**20,– DM**
Morrison's Tourist ca. 1930, schwarz, quer guillochiert	**50,– DM**
Morrison's ca. 1930, schwarz, glatt, Anker	**10,– DM**
Morrison's Tourist ca. 1930, schwarz	**150,– DM**

Osmia (1919 – 1950)

Seit 1950 Übernahme durch Faber-Castell.
Faber-Castell (1761 – heute)

J. Faber Bleistifthülse, ca. 1915, rund, Spiralmuster **30,– DM**
A.W. Faber Bleistifthülse, ca.1906, flache Ausführung **30,– DM**
A. W. Faber Federhalter, ca. 1910, Holzausführung **30,– DM**
In den frühen Firmenjahren wurden hunderte von verschiedenen Modellen, mit Verzierungen, in massiv Gold etc. gefertigt.

DBS Osmia 165 ca. 1925, blau/rot/weiß/grün m. **40,– DM**
DBS Osmia Brilliant 659 ca. 1935, blau/schwarz marmoriert **30,– DM**
4-Farb. F.-Castell 33/75 1951, versilbert **25,– DM**
KS 07 Faber-Castell 1957, schwarz/vergoldete Kappe **10,– DM**
KS 202 Faber-Castell 1957, schwarz **10,– DM**
KS 07 gab es in 7 verschiedenen Schaftfarben. Aufpreis 10,– DM.

1928 wurde Osmia für kurze Zeit von Parker übernommen.
Füller siehe Parker Preisteil.
Progress + Supra Progress FH gab es in 8 Ausführungen und 4 Farben.

Osmia 52 ca. 1955, grau marmoriert **50,– DM**
Osmia 222 ca. 1945, grau/rot/schwarz/marmoriert **50,– DM**
Osmia 93 Progress ca. 1935, rot/schwarz marmoriert **50,– DM**
Osmia 661 Faber-Castell ca. 1950, rot/schwarz marmoriert **50,– DM**
Osmia ca. 1945, rot/schwarz marmoriert **50,– DM**
Osmia Brilliant 127 D ca. 1935, grün gestrichelt **75,– DM**

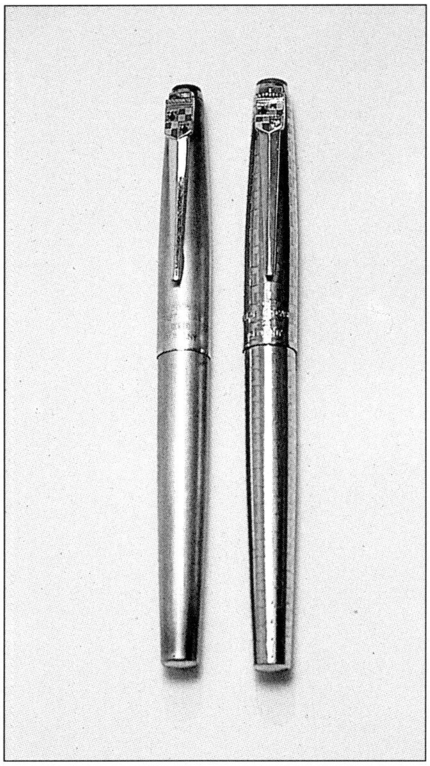

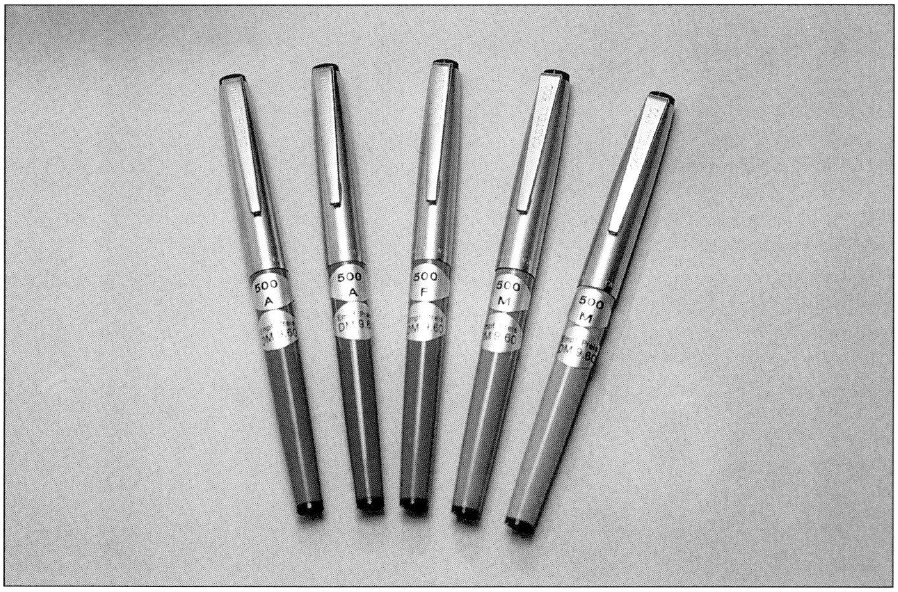

Osmia/ Faber-Castell

Osmia 72 ca. 1935, schwarz guillochiert **30,– DM**
Osmia 74 ca. 1935, schwarz guillochiert **40,– DM**
Osmia 74 A ca. 1935, schwarz guillochiert **50,– DM**
Osmia 72 Supra ca. 1935, schwarz glatt **30,– DM**
Osmia 13D ca. 1935, schwarz glatt **40,– DM**
Osmia 223 ca. 1935, dkl.grau **40,– DM**
Osmia/F.-C. Brilliant 03 ca. 1955, grau **15,– DM**
Osmia/Faber-Castell 661 ca. 1955, schwarz **30,– DM**
Osmia/Faber-Castell 012 ca. 1955, schwarz **40,– DM**
Osmia/Faber-Castell 64 ca. 1935, schwarz **50,– DM**
Osmia/Faber-Castell 661 ca. 1965, schwarz **25,– DM**
Supra Luxus + Supra gab es in 10 Ausführungen und 4 Farben.

A. W. Faber-Castell 5005 1972, 925 Sterling Silber **100,– DM**
A. W. Faber-Castell 5002 1972, 585 Gold **300,– DM**
A. W. Faber-Castell 5000 1972, 750 Gold **400,– DM** (ohne Abb.)
A. W. Faber-Castell 5001 1972, 585 Gold **300,– DM** (ohne Abb.)
A. W. Faber-Castell 5003 Silgo 1972, 925er mit Goldüberzug **150,– DM** (ohne Abb.)

Schulfüller Castell 500 1974, blau **5,– DM**
Schulfüller Castell 500 1974, rot **5,– DM**
Schulfüller Castell 500 1974, grün **5,– DM**
Schulfüller Castell 500 1974, orange **5,– DM**
Schulfüller Castell 500 1974, rosa **5,– DM**

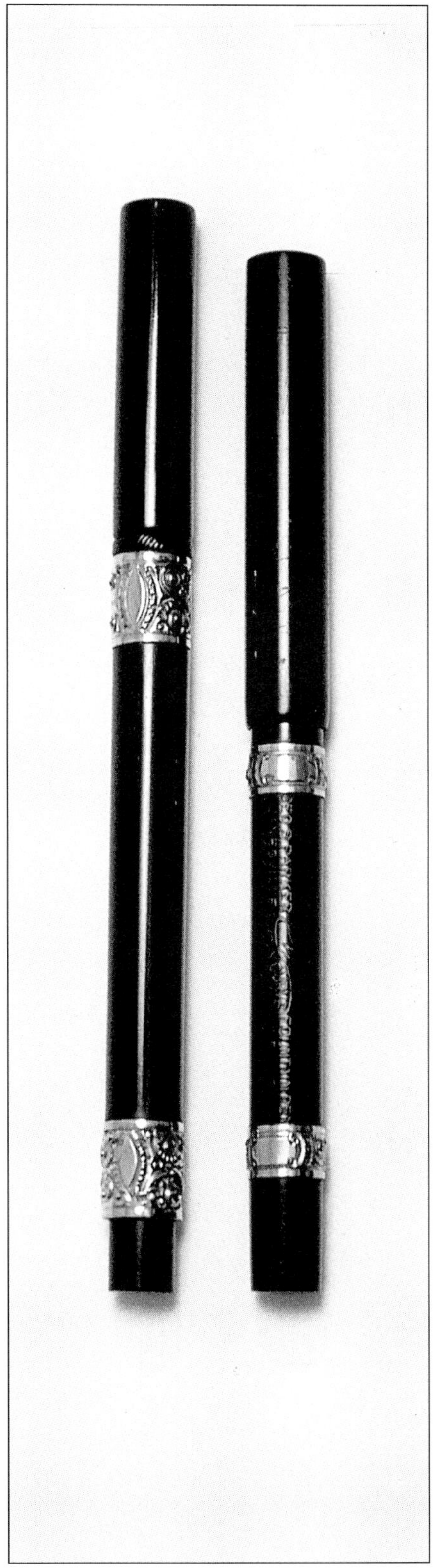

Parker
(1888 – heute)

Eyedropper No. 18 1900, Red Ripple **450,– DM**

Eyedropper No. 24 1900, Red Ripple **450,– DM**

Eyedropper No. 3 1898, Red Ripple konisch **550,– DM**

Eyedropper No. 9 ca. 1900, 2 vergoldete Bänder **400,– DM**

Eyedropper No. 21 ca. 1900, 2 vergoldete Bänder **450,– DM**

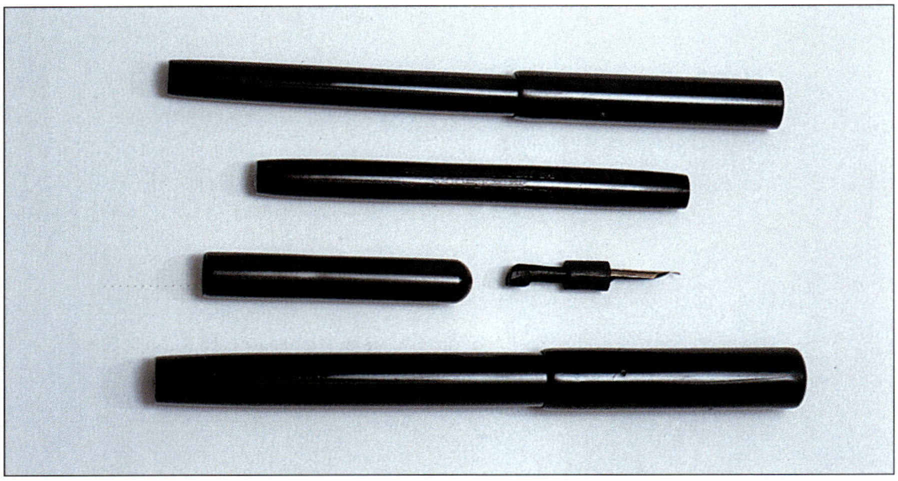

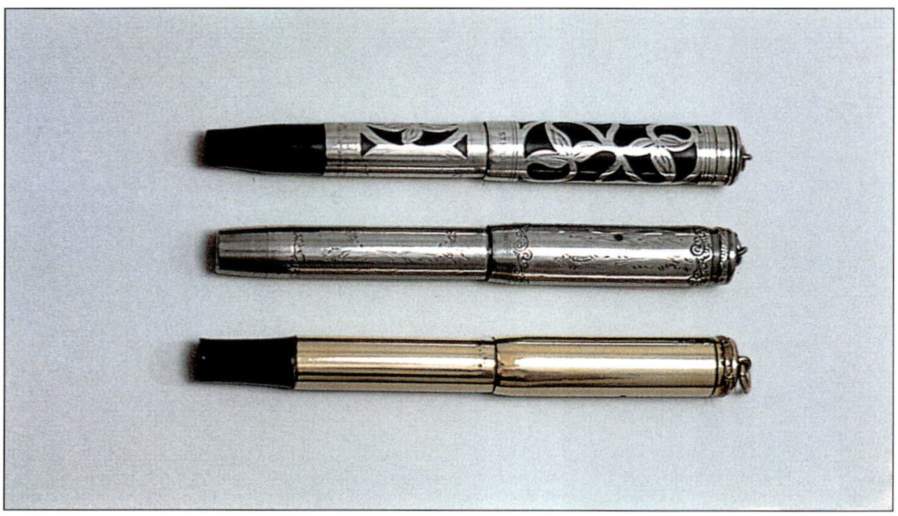

Jointless No. 018 1900, glatt schwarz — **250,– DM**
Jointless No. 018 1900, glatt schwarz — **250,– DM**
Jointless No. 026 1900, glatt schwarz — **600,– DM**

Eyedropper wurden durch Herausziehen bzw. Abschrauben des Federmundstückes gefüllt. Beim Jointless wurde nur die Feder herausgezogen.

Jack Knife 20 1916, schwarz glatt — **100,– DM** (ohne Abb.)
Jack Knife 20 $^1/_2$ 1916, schwarz guillochiert — **100,– DM** (ohne Abb.)
Jack Knife 24 1916, schwarz glatt — **200,– DM** (ohne Abb.)
Jack Knife 24 $^1/_2$ 1916, schwarz guillochiert — **200,– DM**
Jack Knife 25 1916, schwarz glatt — **400,– DM**
Jack Knife 25 $^1/_2$ 1916, schwarz guillochiert — **400,– DM**
Jack Knife 28 1916, schwarz glatt — **600,– DM** (ohne Abb.)

Jack Knife 14 Filigree 1918, Sterling Silber — **700,– DM**
Jack Knife Sterling 1918, florales Design — **700,– DM**
Jack Knife vergoldet 1918, glatt — **700,– DM**

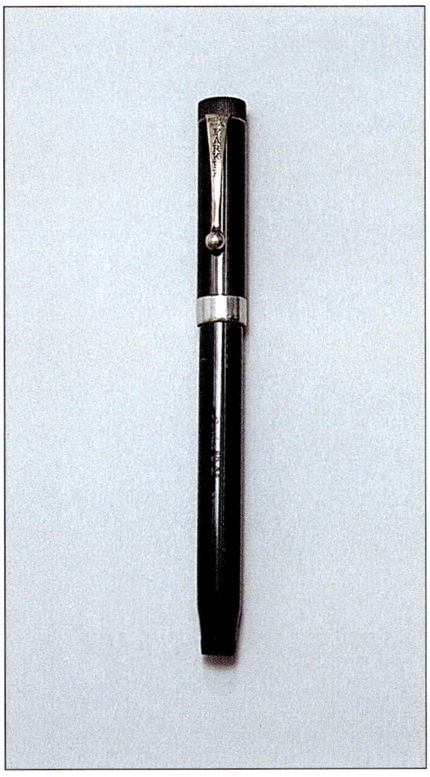

Parker 160 1910, **1000,– DM**
vergoldet, Filigree

Lucky Curve No. 1 1917, **75,– DM**
glatt, Flat Top
Lucky Curve schwarz 1917, **75,– DM**
Wellenguilloche, Flat Top
Lucky Curve No. 22 1917, **125,– DM**
glatt, Flat Top, schwarz
Lucky Curve No. 222 1917, **125,– DM**
Wellenguilloche, Flat Top
Lucky Curve schwarz 1917, **125,– DM**
Streifenguilloche
Lucky Curve schwarz 1917, **200,– DM**
Streifenguilloche, 1 Band

D. Q. Duofold Quality 1926, **200,– DM**
schwarz, mit Silberband
Parallel zu der Duofold Serie war die D. Q. Serie eine preiswertere Alternative.

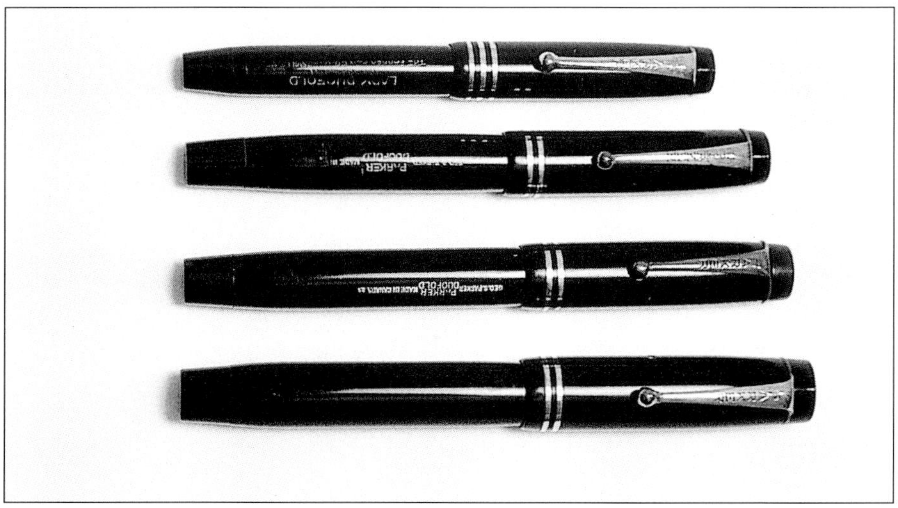

FH schwarz Streamline **100,– DM**
1932, Wellenguilloche, Öse
FH schwarz Streamline **75,– DM**
1932, Wellenguilloche, Clip
FH schwarz Streamline **100,– DM**
1932, glatt ohne Bänder
FH schwarz Streamline **100,– DM**
1932, Wellenguilloche, o. Band
FH schwarz Streamline **125,– DM**
1932, Wellenguilloche, 2 Bänder
FH schwarz Streamline **125,– DM**
1932, glatt, 2 Bänder

Duofold schwarz 1927, **125,– DM**
Lady de Luxe, Öse, Flat Top
Duofold schwarz 1927, **100,– DM**
Lady, Öse, 3 Bänder, Flat Top
Duofold schwarz 1927, **100,– DM**
Lady, Clip, 2 Bänder
Duofold schwarz 1927, **150,– DM**
Junior, 1 Band, Flat Top
Duofold schwarz 1927, **150,– DM**
Junior, 2 Bänder, Flat Top (ohne Abb.)
Duofold schwarz 1927 (?), **750,– DM**
Special, Prototyp, Flat Top
Duofold schwarz 1927, **300,– DM**
Special, Flat Top, 1 Band
Duofold schwarz 1927, **300,– DM**
Special, Flat Top, 2 Bänder
Duofold schwarz 1927, **400,– DM**
Senior, 1 Band, Flat Top
Duofold schwarz 1927, **400,– DM**
Senior, 2 Bänder, Flat Top

Duofold schwarz 1929, **100,– DM**
Lady, Öse, 3 Bänder, St. (ohne Abb.)
Duofold schwarz 1929, **100,– DM**
Lady, Clip, 2 Bänder, St. (ohne Abb.)
Duofold schwarz 1929, **125,– DM**
Lady, Clip, 3 Bänder, St.
Duofold schwarz 1929, **125,– DM**
Junior, 2 Bänder, St.
Duofold schwarz 1929, **250,– DM**
Special, 2 Bänder, St.
Duofold schwarz 1929, **350,– DM**
Senior, 2 Bänder, St.

Duo. Mandarin Yellow 250,– DM
1927, Lady, Öse, 3 Bd., FT
Duo. Mandarin Yellow 250,– DM
1927, Lady, Clip, Flat Top (ohne Abb.)
Duo. Mandarin Yellow 350,– DM
1927, Junior, 1 Band, Flat Top
Duo. Mandarin Yellow 350,– DM
1927, Junior, 2 Bd., Flat Top (ohne Abb.)
Duo. Mandarin Yellow 750,– DM
1927, Special, Flat Top (ohne Abb.)
Duo. Mandarin Yellow 1000,– DM
1927, Senior, 1 Band, Flat Top
Duo. Mandarin Yellow 1000,– DM
1928, Senior, 2 Bd., Flat Top (ohne Abb.)
Duo. Mandarin Yellow 200,– DM
1929, Lady, Öse, 3 Bd., St.
Duo. Mandarin Yellow 200,– DM
1929, Lady, Clip, 2 Bd., St. (ohne Abb.)
Duo. Mandarin Yellow 300,– DM
1929, Junior, Streamline (ohne Abb.)
Duo. Mandarin Yellow 600,– DM
1929, Special, Streamline (ohne Abb.)
Duo. Mandarin Yellow 800,– DM
1929, Senior, 1 Band, Streamline (ohne Abb.)
Duo. Mandarin Yellow 800,– DM
1929, Senior, 2 Bd., Streamline (ohne Abb.)

Bleistift ca. 1915, vergoldet 125,– DM

Duofold Lapislazuli 1927, Lady, Clip, Flat Top 200,– DM
Duofold Lapislazuli 1927, Lady, Öse, 2 Bd., FT 200,– DM
Duofold Lapislazuli 1927, Lady, Öse, 3 Bd., FT 200,– DM
Duofold Lapislazuli 1927, Junior, 1 Band, Flat Top 250,– DM
Duofold Lapislazuli 1927, Junior, 2 Bd., Flat Top 250,– DM
Duofold Lapislazuli 1927, Special, Flat Top 600,– DM
Duofold Lapislazuli 1927, Senior, 1 Band, Flat Top 1000,– DM (ohne Abb.)
Duofold Lapislazuli 1928, Senior, 2 Bd., Flat Top 1000,– DM

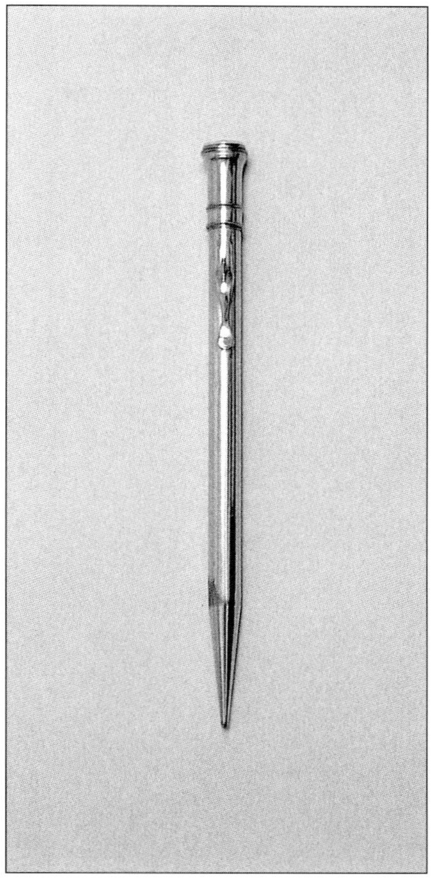

Duofold Lapislazuli 1929, Lady, Öse, Streamline **175,– DM**
Duofold Lapislazuli 1929, Lady, Clip, Streamline **175,– DM**
Duofold Lapislazuli 1929, Junior, Streamline **200,– DM** (ohne Abb.)

Duofold Lapislazuli 1929, Special, Streamline **500,– DM**

Duofold Lapislazuli 1929, Senior, Streamline **800,– DM**

Duofold grün 1926, Lady, Clip, Flat Top **175,– DM**
Duofold grün 1926, Lady, Öse, 3 Bänder, FT **175,– DM**
Duofold grün 1926, Lady de Luxe, 1 Band **175,– DM**
Duofold grün 1926, Junior, 1 Band, Flat Top **225,– DM** (ohne Abb.)
Duofold grün 1926, Junior, 2 Bänder, Flat Top **225,– DM**
Duofold grün 1926, Special, Flat Top **500,– DM** (ohne Abb.)
Duofold grün 1926, Senior, 1 Band, Flat Top **800,– DM**
Duofold grün 1926, Senior, 2 Bänder, Flat Top **800,– DM**

Duofold grün 1929, Lady, Öse, 2 Bänder, St. **150,– DM**
Duofold grün 1929, Lady, Öse, 3 Bänder, St. **150,– DM**
Duofold grün 1929, Lady, Öse, 3 Bänder, St. **150,– DM**
Duofold grün 1929, Lady, Clip, 3 Bänder, St. **150,– DM**
Duofold grün 1929, Junior, Streamline **200,– DM**
Duofold grün 1929, Special, Streamline **400,– DM**
Duofold grün 1929, Senior, Streamline **700,– DM**

Duofold orange 1927, **150,– DM**
Lady de Luxe, Öse, Flat Top
Duofold orange 1927, **125,– DM**
Lady, Clip, 3 Bänder, Flat Top
Duofold orange 1923, **300,– DM**
Junior, Hartgummi, Flat Top
Duofold orange 1926, **175,– DM**
Junior, 1 Band, Flat Top
Duofold orange 1927, **175,– DM**
Junior, 2 Bänder, Flat Top
Duofold orange 1927, **250,– DM**
Special, Flat Top, 1 Band
Duofold orange 1927, **250,– DM**
Special, Flat Top, 2 Bänder
Duofold orange 1923, **500,– DM**
Senior de Luxe, Hartgummi
Duofold orange 1927, **350,– DM**
Senior, 1 Band, Flat Top
Duofold orange 1927, **350,– DM**
Senior, 2 Bänder, Flat Top

Duofold orange 1929, **100,– DM**
Öse, 3 Bänder, Streamline
Duofold orange 1929, **100,– DM**
Öse, 3 Bänder, Streamline
Duofold orange 1929, **100,– DM**
Clip, 3 Bänder, Streamline
Duofold orange 1929, **150,– DM**
Junior, 2 Bänder, Streamline
Duofold orange 1929, **200,– DM**
Special, Streamline
Duofold orange 1929, **300,– DM**
Senior, 2 Bänder, Streamline

Duofold Black and Pearl **250,– DM**
1928, Lady, Öse, Flat Top
Duofold Black and Pearl **225,– DM**
1929, Lady, Streamline
Duofold Black and Pearl **400,– DM**
1928, Junior, Flat Top
Duofold Black and Pearl **350,– DM**
1929, Junior, Streamline
Duofold Black and Pearl **1000,– DM**
1928, Senior, Flat Top

Duofold Black and Pearl **800,– DM**
1929, Senior, Streamline

Serie wird auch als Duofold de Luxe bezeichnet.

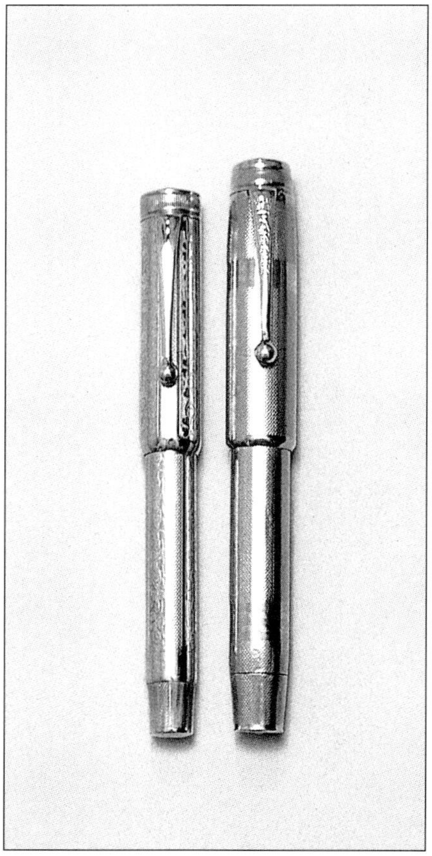

Duofold 14 Karat ca. 1925, **3000,– DM**
Lady, floral verziert
Duofold 14 Karat ca. 1925, **3500,– DM**
Junior, Kornguilloche

Petite Pastel 1926, oliv mit Clip	**200,– DM**
Petite Pastel 1926, orange mit Clip	**200,– DM**
Petite Pastel 1926, grün gestreift mit Clip	**200,– DM** (ohne Abb.)
Petite Pastel 1926, blau gestreift mit Clip	**200,– DM** (ohne Abb.)
Petite Pastel 1926, fraise mit Öse	**175,– DM**
Petite Pastel 1926, blau mit Öse	**175,– DM** (ohne Abb.)
Petite Pastel 1926, blau gestreift mit Öse	**175,– DM** (ohne Abb.)
Petite Pastel 1926, grün gestreift mit Öse	**175,– DM**
Petite Pastel 1926, rot gestreift mit Öse	**175,– DM** (ohne Abb.)

Parker-Osmia, Duofold 1929, Lady blau, 3 Bänder	**500,– DM**
Parker-Osmia, Duofold 1929, Junior schwarz, 2 Bänder	**400,– DM**
Parker-Osmia, Duofold 1929, Special schwarz, 2 Bänder	**500,– DM**

Da Parker + Osmia nur kurze Zeit zusammen produzierten, sind diese Füller mit Parker-Osmia Aufdruck sehr selten zu finden. Es gab alle Größen und Farben in dieser Ausführung.

Duofold vergoldet 1925, Lady, Öse	**250,– DM**
Duofold vergoldet 1925, Lady, Clip	**250,– DM**
Duofold vergoldet 1925, Lady, Clip, floral verziert	**300,– DM**
Duofold vergoldet 1920, Junior, 8eckig, Streifen	**1000,– DM**
Duofold vergoldet 1920, Junior, 8eckig, Kornguill.	**1000,– DM**
Duofold Vest Pocket 1930, 18 Karat Weißgold	**3000,– DM**
Duofold Vest Pocket 1930, 18 Karat Gelbgold	**3000,– DM**
Duofold Vest Pocket 1930, Lapislazuli	**300,– DM** (ohne Abb.)
Duofold Vest Pocket 1930, grün	**250,– DM** (ohne Abb.)
Duofold Vest Pocket 1930, Mandarin Yellow	**500,– DM** (ohne Abb.)
Duofold Vest Pocket 1930, schwarz	**200,– DM** (ohne Abb.)
Duofold Vest Pocket 1930, orange	**200,– DM** (ohne Abb.)
Duofold Vest Pocket 1930, Black and Pearl	**300,– DM** (ohne Abb.)

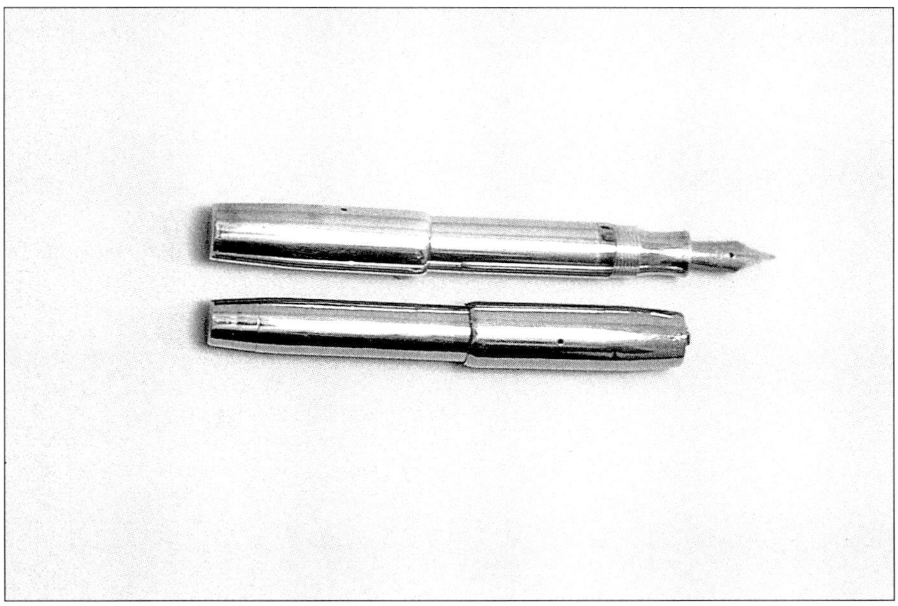

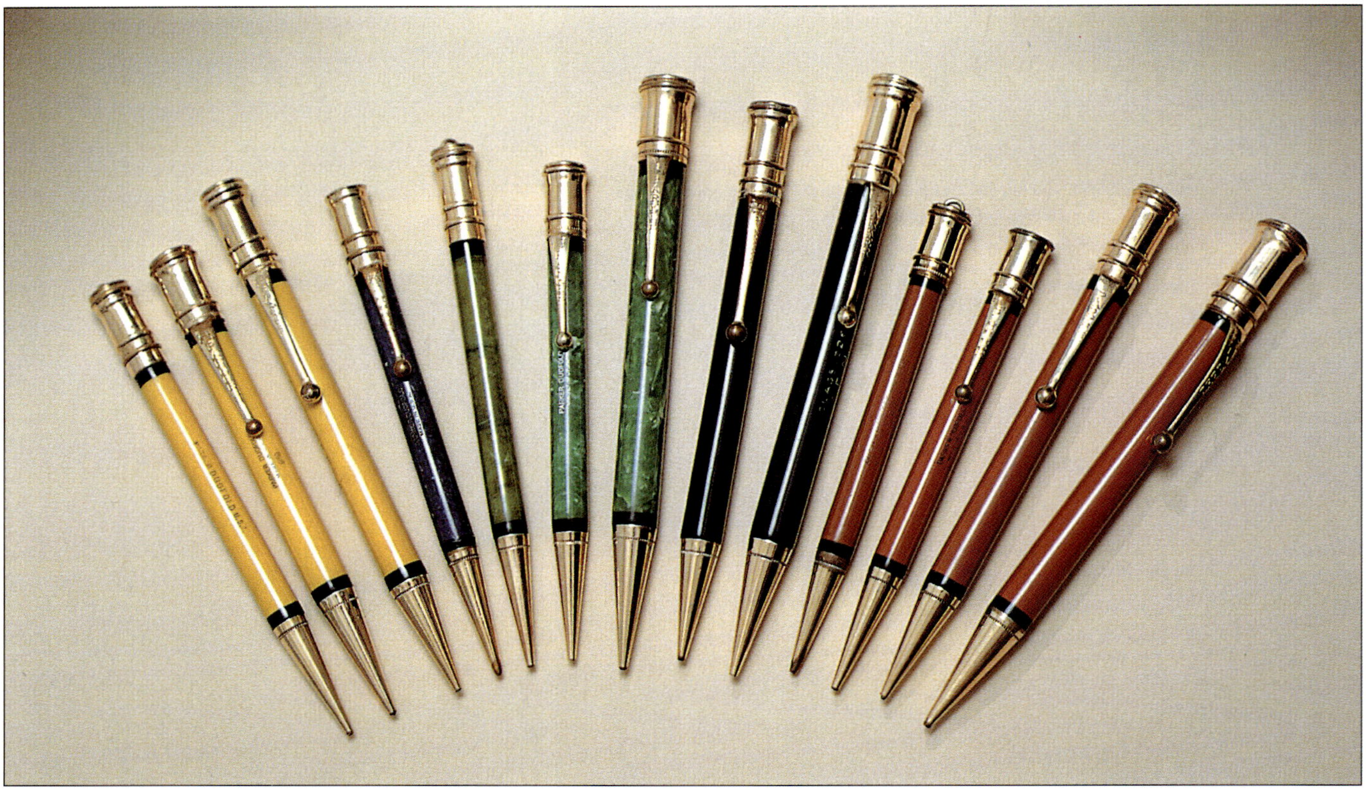

DBS Mandarin Yellow 1927, **150,– DM**
Lady, Öse, Flat Top

DBS Mandarin Yellow 1927, **150,– DM**
Lady, Clip, Flat Top

DBS Mandarin Yellow 1927, **200,– DM**
Junior, Flat Top

DBS Mandarin Yellow 1927, **350,– DM**
Senior, Flat Top (ohne Abb.)

DBS Lapislazuli 1927, **125,– DM**
Lady, Öse, Flat Top (ohne Abb.)

DBS Lapislazuli 1927, **125,– DM**
Lady, Clip, Flat Top

DBS Lapislazuli 1927, **175,– DM**
Junior, Flat Top (ohne Abb.)

DBS Lapislazuli 1927, **300,– DM**
Senior, Flat Top (ohne Abb.)

DBS grün 1926, **100,– DM**
Lady, Öse, Flat Top

DBS grün 1926, **100,– DM**
Lady, Clip, Flat Top

DBS grün 1926, **150,– DM**
Junior, Flat Top (ohne Abb.)

DBS grün 1926, **200,– DM**
Senior, Flat Top

DBS schwarz 1927, **75,– DM**
Lady, Öse, Flat Top (ohne Abb.)

DBS schwarz 1927, **75,– DM**
Lady, Clip, Flat Top (ohne Abb.)

DBS schwarz 1927, **100,– DM**
Junior, Flat Top

DBS schwarz 1927, **150,– DM**
Senior, Flat Top

DBS orange 1927, **75,– DM**
Lady, Öse, Flat Top

DBS orange 1927, **75,– DM**
Lady, Clip, Flat Top

DBS orange 1925, **100,– DM**
Junior, Flat Top

DBS orange 1927, **150,– DM**
Senior, Flat Top

DBS black and pearl 1928, **125,– DM**
Lady, Öse, Flat Top (ohne Abb.)

DBS black and pearl 1928, **125,– DM**
Lady, Clip, Flat Top (ohne Abb.)

DBS black and pearl 1928, **175,– DM**
Junior, Flat Top (ohne Abb.)

DBS black and pearl 1928, **250,– DM**
Senior, Flat Top (ohne Abb.)

DBS green and pearl 1928, **125,– DM**
Lady, Öse, Flat Top (ohne Abb.)

DBS green and pearl 1928, **125,– DM**
Lady, Clip, Flat Top (ohne Abb.)

DBS green and pearl 1928, **175,– DM**
Junior, Flat Top (ohne Abb.)

DBS green and pearl 1928, **250,– DM**
Senior, Flat Top (ohne Abb.)

DBS Mandarin Yellow 1929, Lady, Streamline	**100,– DM** (ohne Abb.)
DBS Mandarin Yellow 1929, Junior, Streamline	**150,– DM** (ohne Abb.)
DBS Mandarin Yellow 1929, Senior, Streamline	**300,– DM** (ohne Abb.)
DBS Lapislazuli 1929, Lady, Streamline	**75,– DM**
DBS Lapislazuli 1929, Junior, Streamline	**100,– DM** (ohne Abb.)
DBS Lapislazuli 1929, Senior, Streamline	**200,– DM** (ohne Abb.)
DBS grün 1929, Lady, Streamline	**75,– DM**
DBS grün 1929, Junior, Streamline	**100,– DM** (ohne Abb.)
DBS grün 1929, Senior, Streamline	**150,– DM**
DBS schwarz 1929, Lady, Streamline	**60,– DM** (ohne Abb.)
DBS schwarz 1929, Junior, Streamline	**100,– DM**
DBS schwarz 1929, Senior, Streamline	**125,– DM** (ohne Abb.)
DBS orange 1929, Lady, Streamline	**60,– DM** (ohne Abb.)
DBS orange 1929, Junior, Streamline	**100,– DM** (ohne Abb.)
DBS orange 1929, Senior, Streamline	**125,– DM**
DBS black and pearl 1929, Lady, Streamline	**100,– DM** (ohne Abb.)
DBS black and pearl 1929, Junior, Streamline	**150,– DM** (ohne Abb.)
DBS black and pearl 1929, Senior, Streamline	**250,– DM**
DBS green and pearl 1929, Lady, Streamline	**100,– DM** (ohne Abb.)
DBS green and pearl 1929, Junior, Streamline	**150,– DM** (ohne Abb.)
DBS green and pearl 1929, Senior, Streamline	**250,– DM** (ohne Abb.)

Duofold sea green pearl 1930, Lady mit Clip	**150,– DM**
Duofold sea green pearl 1930, Lady mit Öse	**150,– DM** (ohne Abb.)
Duofold sea green pearl 1930, Junior	**200,– DM**
Duofold sea green pearl 1930, Special	**350,– DM**
Duofold sea green pearl 1930, Bleistift	**125,– DM**
Duofold sea green pearl 1930, Senior	**500,– DM**
Duofold sea green pearl 1930, Bleistift	**200,– DM** (ohne Abb.)

Duofold burgundy 1931, Lady mit Clip **150,– DM**
Duofold burgundy 1931, Lady mit Öse **150,– DM**
Duofold burgundy 1931, Junior **200,– DM** (ohne Abb.)
Duofold burgundy 1931, Special **350,– DM** (ohne Abb.)
Duofold burgundy 1931, Bleistift **125,– DM**
Duofold burgundy 1931, Senior **500,– DM**
Duofold burgundy 1931, Bleistift **200,– DM**

True blue 1929, Lady, Öse, Flat top **150,– DM**
True blue, 1929, Lady, Clip, Streamline **150,– DM**
DBS True blue 1929, Flat Top **75,– DM**
True blue 1929, Juniorette, Streamline **200,– DM**

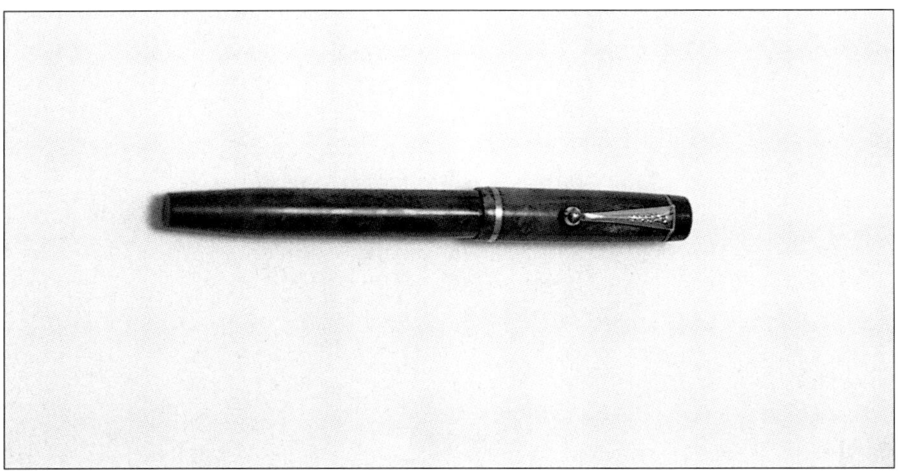

Depression 1935, gold/braun marmoriert **125,– DM**
In den dreißiger Jahren wurden mehrere billigpreisige Modelle, in Parker unüblichen Farben, herausgebracht.

Duofold green and pearl 1932, hellgrün/schwarz marm. **300,– DM**
Duofold Geometric ca. 1940, hellgrün/schwarz **300,– DM**
Duofold Geometric ca. 1940, gold/schwarz **300,– DM**
Duofold blau ca. 1940, marmoriert **450,– DM**

Duofold grün gestreift ca. 1940, kleine Ausführung **200,– DM**
Duofold grün gestreift ca. 1940, mittlere Ausführung **250,– DM**
Duofold grün gestreift ca. 1940, große Ausführung **300,– DM**
Duofold rot gestreift ca. 1940, kleine Ausführung **200,– DM** (ohne Abb.)
Duofold rot gestreift ca. 1940, mittlere Ausführung **250,– DM**
Duofold rot gestreift ca. 1940, große Ausführung **300,– DM** (ohne Abb.)
Duofold blau gestreift ca. 1940, kleine Ausführung **225,– DM** (ohne Abb.)
Duofold blau gestreift ca. 1940, mittlere Ausführung **275,– DM**
Duofold blau gestreift ca. 1940, große Ausführung **350,– DM**

DBS grün gestreift ca. 1940, 1 breites Band **125,– DM** (ohne Abb.)
DBS grün gestreift ca. 1940, 2 Bänder (ohne Abb.) **125,– DM**
DBS grün gestreift ca. 1940, 3 Bänder (ohne Abb.) **125,– DM**
DBS rot gestreift ca. 1940, 1 breites Band **125,– DM** (ohne Abb.)
DBS rot gestreift ca. 1940, 2 Bänder **125,– DM**
DBS rot gestreift ca. 1940, 3 Bänder (ohne Abb.) **125,– DM**
DBS blau gestreift ca. 1940, 1 breites Band **150,– DM**
DBS blau gestreift ca. 1940, 2 Bänder (ohne Abb.) **150,– DM**
DBS blau gestreift ca. 1940, 3 Bänder **150,– DM**

Vacumatic Standard 1933, gold — **200,– DM**
Vacumatic Standard 1933, silber — **200,– DM**
Vacumatic Standard 1933, rot — **250,– DM**
Vacumatic Standard 1933, grün — **250,– DM**
Vacumatic Standard 1933, blau — **300,– DM** (ohne Abb.)
Vacumatic Standard 1933, schwarz — **200,– DM**
Vacumatic Oversize 1933, gold — **400,– DM** (ohne Abb.)
Vacumatic Oversize 1933, silber — **400,– DM**
Vacumatic Oversize 1933, rot — **600,– DM** (ohne Abb.)
Vacumatic Oversize 1933, grün — **600,– DM** (ohne Abb.)
Vacumatic Oversize 1933, blau — **700,– DM** (ohne Abb.)
Vacumatic Oversize 1933, schwarz — **400,– DM** (ohne Abb.)

Vacumatic Gold Web 1934, — **200,– DM**

Vacumatic Shadow Wave 1938, grau gestreift — **150,– DM**
Vacumatic Shadow Wave 1938, Junior, grau gestreift — **200,– DM** (ohne Abb.)
Vacumatic Shadow Wave 1938, Junior, rot gestreift — **200,– DM** (ohne Abb.)
Vacumatic Shadow Wave 1938, Junior, grün gestreift — **200,– DM**
Vacumatic Shadow Wave 1938, Junior, gold gestreift — **200,– DM** (ohne Abb.)

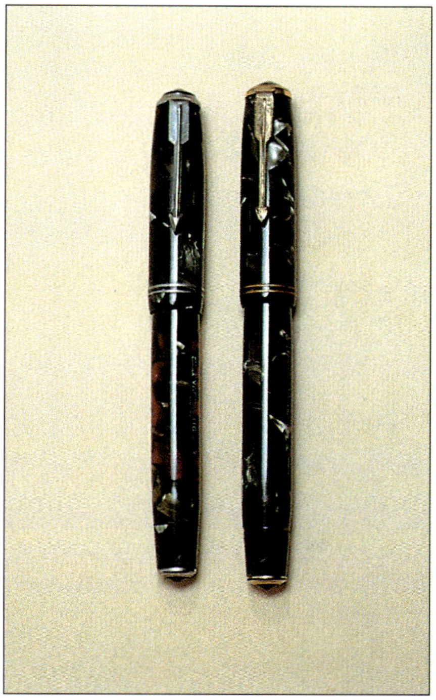

Vacumatic Junior 1934, grau marm. Edelstahlclip **250,– DM**
Vacumatic Junior 1934, grau marm. verg. Clip **250,– DM**

Vacumatic Major 1939, gold **200,– DM**
Vacumatic Major 1939, silber **200,– DM**
Vacumatic Major 1939, rot **250,– DM** (ohne Abb.)
Vacumatic Major 1939, grün **250,– DM**
Vacumatic Major 1939, blau **300,– DM**
Vacumatic Major 1939, schwarz **200,– DM**
DBS Vacumatic Major 1939, gold **125,– DM**
DBS Vacumatic Major 1939, silber **125,– DM** (ohne Abb.)
DBS Vacumatic Major 1939, rot **150,– DM** (ohne Abb.)
DBS Vacumatic Major 1939, grün **150,– DM** (ohne Abb.)
DBS Vacumatic Major 1939, blau **200,– DM** (ohne Abb.)
DBS Vacumatic Major 1939, schwarz **125,– DM** (ohne Abb.)

Vacumatic Debutante 1939, gold **125,– DM**
Vacumatic Debutante 1939, silber **125,– DM**
Vacumatic Debutante 1939, rot **150,– DM** (ohne Abb.)
Vacumatic Debutante 1939, grün **150,– DM**
Vacumatic Debutante 1939, blau **175,– DM** (ohne Abb.)

Vacumatic Debutante 1939, schwarz **125,– DM**
DBS Vacumatic Debutante 1939, gold **75,– DM** (ohne Abb.)
DBS Vacumatic Debutante 1939, silber **75,– DM** (ohne Abb.)

DBS Vacumatic Debutante 1939, rot **100,– DM** (ohne Abb.)
DBS Vacumatic Debutante 1939, grün **100,– DM** (ohne Abb.)
DBS Vacumatic Debutante 1939, blau **125,– DM** (ohne Abb.)
DBS Vacumatic Debutante 1939, schwarz **75,– DM** (ohne Abb.)

Vacumatic Junior 1939, gold **175,– DM**
Vacumatic Junior 1939, silber **175,– DM**
Vacumatic Junior 1939, rot (ohne Abb.) **200,– DM**
Vacumatic Junior 1939, grün **200,– DM**
Vacumatic Junior 1939, blau **250,– DM**
Vacumatic Junior 1939, schwarz **175,– DM**
DBS Vacumatic Junior 1939, gold (ohne Abb.) **100,– DM**
DBS Vacumatic Junior 1939, silber (ohne Abb.) **100,– DM**
DBS Vacumatic Junior 1939, rot (ohne Abb.) **125,– DM**
DBS Vacumatic Junior 1939, grün (ohne Abb.) **125,– DM**
DBS Vacumatic Junior 1939, blau **150,– DM**
DBS Vacumatic Junior 1939, schwarz (ohne Abb.) **100,– DM**
Vacumatics gab es auch noch in anderen Ausführungen, jedoch sind die Preise immer, der Größe entsprechend, gleich.

FH Challenger Slender 1939, schwarz **80,– DM**
DBS Challenger 1939, schwarz (ohne Abb.) **50,– DM**
FH Challenger Slender 1939, grün marmoriert **100,– DM**
DBS Challenger 1939, grün marmoriert **75,– DM**
FH Challenger Slender 1939, rot marmoriert **100,– DM**
DBS Challenger 1939, rot marmoriert (ohne Abb.) **75,– DM**
FH Challenger Slender 1939, grau marmoriert **100,– DM** (ohne Abb.)
DBS Challenger 1939, grau marmoriert (ohne Abb.) **75,– DM**
FH Challenger Standard 1939, schwarz **125,– DM** (ohne Abb.)
FH Challenger Standard 1939, grün marmoriert **150,– DM** (ohne Abb.)
FH Challenger Standard 1939, rot marmoriert **150,– DM**
FH Challenger Standard 1939, grau marmoriert **150,– DM**

FH Royal Challenger 1939, goldbra. marm., Slender **250,– DM** (ohne Abb.)
DBS Royal Challenger 1939, goldbraun marmoriert **150,– DM**
FH Royal Challenger 1939, bordeaux marm., Slender **250,– DM** (ohne Abb.)
DBS Royal Challenger 1939, bordeaux marmoriert **150,– DM** (ohne Abb.)
FH Royal Challenger 1939, grau marmoriert, Slender **250,– DM** (ohne Abb.)
DBS Royal Challenger 1939, grau marmoriert **150,– DM** (ohne Abb.)
FH Royal Challenger 1939, goldbraun, Standard **300,– DM**
FH Royal Challenger 1939, bordeaux, Standard **300,– DM** (ohne Abb.)
FH Royal Challenger 1939, grau marm., Standard **300,– DM** (ohne Abb.)
FH De Luxe Challenger 1939, grau marm. Standard **300,– DM**

Die De Luxe Serie gab es ebenfalls in zwei Größen (Slender + Standard), in den Farben: schwarz, grau marm., grün marm. + grau marm. Preise siehe Royal Challenger.

FH Moderne ca. 1932, schwarz	**75,– DM**
DBS Moderne ca. 1932, schwarz	**40,– DM**
FH Moderne ca. 1932, gold-grün marmoriert	**150,– DM**
DBS Moderne ca. 1932, gold-grün marmoriert	**75,– DM** (ohne Abb.)
FH Moderne ca. 1932, braun-blau marmoriert	**150,– DM**
DBS Moderne ca. 1932, braun-blau marmoriert	**75,– DM** (ohne Abb.)
FH Moderne ca. 1932, beige marmoriert	**150,– DM**
DBS Moderne ca. 1932, beige marmoriert	**75,– DM** (ohne Abb.)
FH Moderne mit Öse ca. 1932, grün-gold marmoriert	**200,– DM**

Premiere ca. 1932, schwarz	**125,– DM**
Premiere ca. 1932, mahagony	**250,– DM**
Premiere ca. 1932, blau marmoriert	**250,– DM**
Premiere ca. 1932, grau/rot marmoriert	**250,– DM**

Parkette de Luxe ca. 1935, schwarz	**150,– DM**
Parkette de Luxe ca. 1935, grau marmoriert	**200,– DM**
Parkette de Luxe ca. 1935, rot marmoriert	**200,– DM**
Parkette de Luxe ca. 1935, grün marmoriert	**200,– DM**

In den dreißiger Jahren war die Parkette eine Billigserie Parkers, die in verschiedenen Ländern in etlichen Varianten produziert wurde. Außerdem ist sie die einzige Serie die mit Hebelmechanik gebaut wurde.

FH Parkette ca. 1935, grün marmoriert	**100,– DM**
DBS Parkette ca. 1935, grün marmoriert	**50,– DM**
FH Parkette ca. 1935, schwarz	**75,– DM**
DBS Parkette ca. 1935, schwarz	**50,– DM** (ohne Abb.)
FH Parkette ca. 1935, grün-braun marmoriert	**100,– DM** (ohne Abb.)
DBS Parkette ca. 1935, grün-braun marmoriert	**50,– DM**
FH Parkette ca. 1935, rot marmoriert	**200,– DM**
DBS Parkette ca. 1935, rot marmoriert	**100,– DM** (ohne Abb.)
FH Parkette ca. 1935, rot gestrichelt	**200,– DM** (ohne Abb.)
DBS Parkette ca. 1935, rot gestrichelt	**100,– DM**
FH Parkette ca. 1935, grau-rot marmoriert	**100,– DM**
DBS Parkette ca. 1935, grau-rot marmoriert	**50,– DM**
FH Parkette ca. 1935, rot marmoriert	**150,– DM** (ohne Abb.)
DBS Parkette ca. 1935, rot marmoriert	**100,– DM**
FH Parkette ca. 1935, grün marmoriert	**150,– DM** (ohne Abb.)
DBS Parkette ca. 1935, grün marmoriert	**100,– DM**

Parkette Zephyr 1939, grau marmoriert	**100,– DM**
Parkette Zephyr 1939, gold marmoriert	**100,– DM**
Parkette Zephyr 1939, blau marmoriert	**100,– DM**
Parkette Zephyr 1939, schwarz	**75,– DM** (ohne Abb.)
DBS Parkette Zephyr 1939, in allen vier Farben	**50,– DM** (ohne Abb.)

Televisor ca. 1945, grün gestrichelt, klein	**125,– DM**
Televisor ca. 1945, rot gestrichelt, klein	**125,– DM** (ohne Abb.)
Televisor ca. 1945, grau gestrichelt, klein	**125,– DM** (ohne Abb.)
Televisor ca. 1945, schwarz, klein	**100,– DM** (ohne Abb.)
Televisor ca. 1945, grün gestrichelt, groß	**200,– DM**
Televisor ca. 1945, rot gestrichelt, groß	**200,– DM**
Televisor ca. 1945, grau gestrichelt, groß	**200,– DM**
Televisor ca. 1945, schwarz, groß	**150,– DM**
DBS Televisor ca. 1945, grün gestrichelt	**100,– DM** (ohne Abb.)
DBS Televisor ca. 1945, rot gestrichelt (ohne Abb.)	**100,– DM**
DBS Televisor ca. 1945, grau gestrichelt	**100,– DM** (ohne Abb.)
DBS Televisor ca. 1945, schwarz	**75,– DM**
Victory 1935, schwarz	**50,– DM**
Victory 1935, rot marmoriert	**100,– DM**
Victory 1935, grün marmoriert	**100,– DM**
Victory Candy Stripe 1935, rot gestrichelt	**150,– DM**
Victory Candy Stripe 1935, grün gestrichelt	**150,– DM**
Victory Candy Stripe 1935, braun gestrichelt	**150,– DM**
Victory Candy Stripe 1935, grau gestrichelt	**200,– DM**
Victory Geometric 1942, grün/schwarz marmoriert	**250,– DM**
Victory 1942, braun	**50,– DM**
Victory 1942, blau	**50,– DM**
Victory 1942, dunkelgrün	**50,– DM**
Victory 1942, grau	**50,– DM**
DBS Victory 1942, grau	**30,– DM**
DBS Victory 1942, passend zu allen uni FH	**30,– DM** (ohne Abb.)

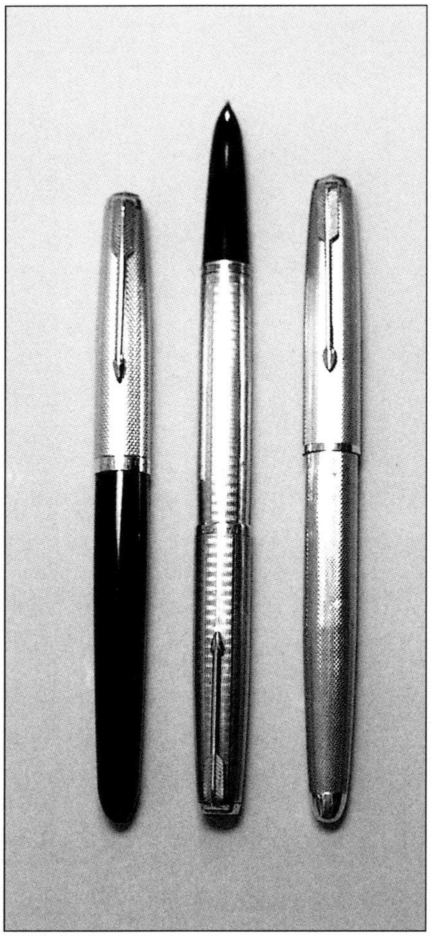

VS 1947, schwarz/gold **125,– DM**
VS 1947, rost/Edelstahl **75,– DM**
VS 1947, blau/Edelstahl **75,– DM**
VS 1947, bordeaux/vergoldet **100,– DM**
VS 1947, blau/vergoldet **100,– DM**
VS 1947, schwarz/vergoldet **100,– DM**
VS (Prototyp?) 1947 (?), Aluminium **500,– DM**

51 Vacumatic System 1941, schwarz/Sterling Kappe **200,– DM**
51 Vacumatic System 1941, schwarz/vergoldet **150,– DM**
51 Vacumatic System 1941, schwarz/vergoldet **125,– DM**
51 Vacumatic System 1941, türkis/vergoldet **150,– DM**
51 Vacumatic System 1941, schwarz/Edelstahl **100,– DM**
DBS 51 1941, schwarz/Edelstahl **75,– DM**
51 Vacumatic System 1941, schwarz/Edelstahl **150,– DM**
Diese Ausführungen sind in etlichen Farben produziert worden.

51 Aerometric 1948, schwarz/18 Karat Kappe **1500,– DM**
51 Aerometric 1948, 9 Karat **500,– DM**
51 Aerometric 1948, 18 Karat **1000,– DM**

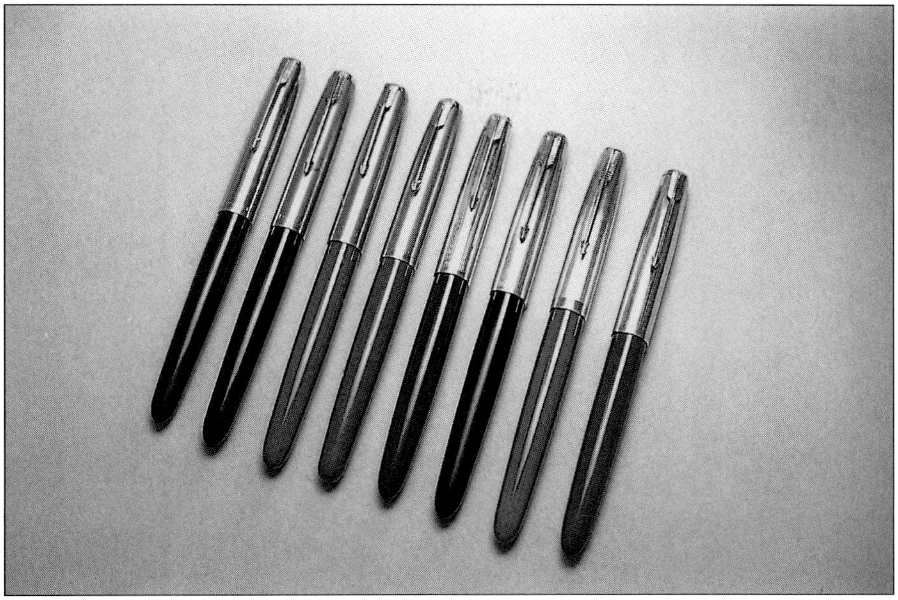

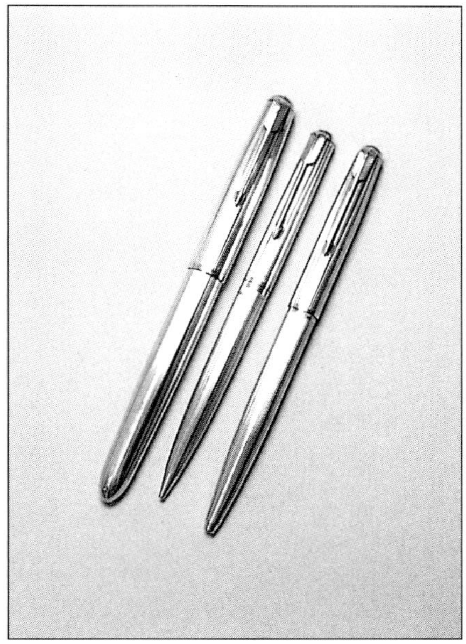

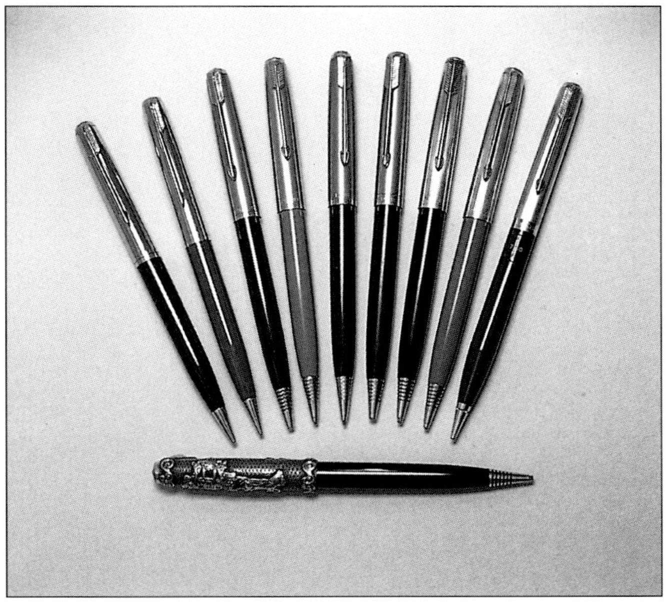

51 Aerometric 1948, blau/verchromt	**100,– DM**
51 Aerometric 1948, schwarz/Edelstahl	**100,– DM**
51 Aerometric 1948, hellrot/Edelstahl	**100,– DM**
51 Aerometric 1948, grau/Edelstahl	**100,– DM**
51 Aerometric 1948, dunkelrot/vergoldet	**125,– DM**
51 Aerometric 1948, schwarz/vergoldet	**100,– DM**
51 Aerometric 1948, hellrot/vergoldet	**150,– DM**
51 Aerometric 1948, grau/vergoldet	**125,– DM**

Auch bei den späteren 51ern gibt es viele verschiedene Farben, die alle ähnlich zu bewerten sind.

FH 51 Aerometric 1949, vergoldet	**400,– DM**
DBS 51 1949, vergoldet	**125,– DM**
KS 51 1954, vergoldet	**125,– DM**

DBS 51 1948, blau/verchromt	**40,– DM**
DBS 51 1948, grau/verchromt	**40,– DM**
DBS 51 1948, blau/Edelstahl	**40,– DM**
DBS 51 1948, hellbraun/Edelstahl	**50,– DM**
DBS 51 1948, türkis/Edelstahl	**40,– DM**
DBS 51 1948, bordeaux/Edelstahl	**40,– DM**
DBS 51 1948, schwarz/vergoldet	**50,– DM**
DBS 51 1948, hellbraun/vergoldet	**60,– DM**
DBS 51 1948, bordeaux/vergoldet	**60,– DM**
DBS 51 (Postkutsche) 1948, mexikanisches Modell	**150,– DM**

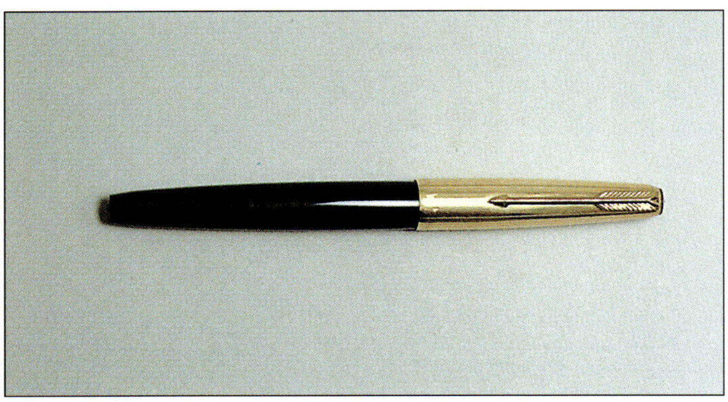

51 Vacumatic transparent 1941, Vorführmodell	**250,– DM**
51 Aerometric transparent 1948, Vorführmodell	**200,– DM**
45 transparent 1960, Vorführmodell	**100,– DM**
65 transparent 1967, Vorführmodell	**100,– DM**
Duofold 1946, bordeaux	**75,– DM**
Duofold 1946, rost	**100,– DM**
Duofold 1946, schwarz	**75,– DM**
Duofold 1946, schwarz	**75,– DM**
Duofold 1946, dunkelbraun	**75,– DM**
Slimfold 1962, rot	**60,– DM**
Slimfold 1962, schwarz	**60,– DM**
Slimfold 1962, grün	**60,– DM**
Slimfold 1962, blau	**60,– DM**
Duofold 1953, rot	**80,– DM**
Duofold 1953, schwarz	**80,– DM**
Duofold 1953, grün	**80,– DM**
Duofold 1953, blau (ohne Abb.)	**80,– DM**
Senior Duofold 1954, rot (ohne Abb.)	**150,– DM**
Senior Duofold 1954, schwarz	**150,– DM**
Maxima Duofold 1958, grün	**150,– DM**
Maxima Duofold 1958, blau (ohne Abb.)	**150,– DM**
VP 1962, schwarz/gold	**150,– DM**

17 Lady 1964, schwarz	**50,– DM**
17 Lady 1964, rot	**50,– DM** (ohne Abb.)
17 Lady 1964, blau	**50,– DM**
17 Lady 1964, grün	**50,– DM** (ohne Abb.)
17 Lady 1964, schwarz/verchromt	**50,– DM**
17 1964, schwarz, verd. Feder	**50,– DM**
17 1964, rot, verd. Feder	**50,– DM**
17 1964, blau, verd. Feder	**50,– DM**
17 1964, grün, verd. Feder	**50,– DM**
17 1964, schwarz verchromt	**60,– DM**
17 1964, blau vergoldet	**100,– DM**
17 1964, schwarz, offene Feder	**75,– DM**
17 1964, rot, offene Feder	**75,– DM** (ohne Abb.)
17 1964, blau, offene Feder	**75,– DM** (ohne Abb.)
17 1964, grün, offene Feder	**75,– DM**

Liquid Lead (für 51er) 1955, bordeaux/verchromt	**20,– DM**
Liquid Lead (für 61er) 1955, rot/Edelstahl/Goldclip	**20,– DM**
Liquid Lead (für 61er) 1955, grau/vergoldet, Heirloom	**50,– DM**
Liquid Lead (für 21er) 1955, blau/Edelstahl	**10,– DM**
Liquid Lead (für 21er) 1955, grün/Edelstahl	**10,– DM**
Liquid Lead (für Jotter) ca. 1960, schwarz/Edelstahl	**10,– DM**
Liquid Lead (für Jotter) ca. 1960, grau/Edelstahl	**10,– DM**

L. L. war ein Bleistift mit flüssigem Blei, und wurde mit Minen (ähnlich KS Minen) nachgefüllt.

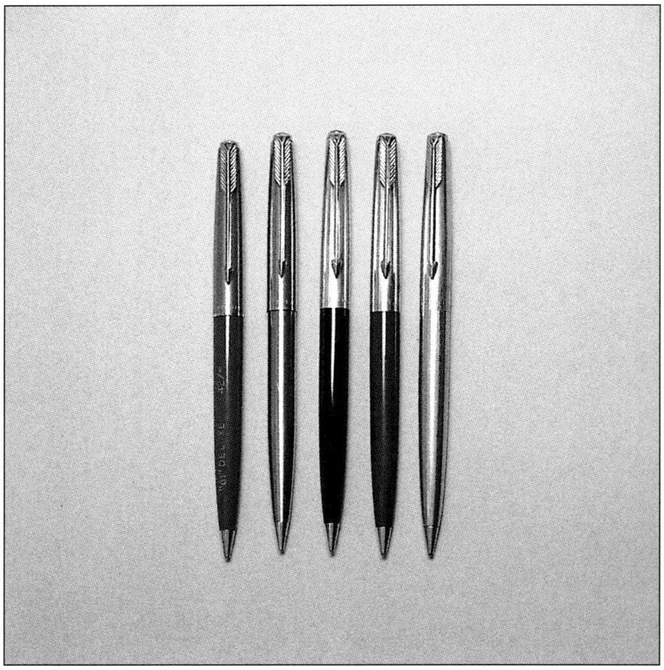

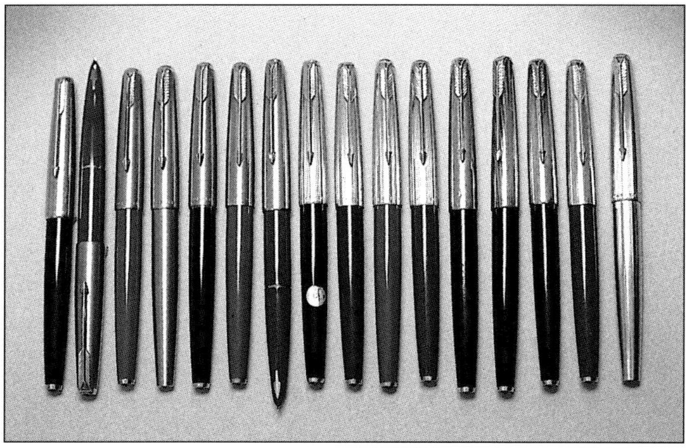

KS Jotter 1954, 50,– DM
grün, erster Parker KS
KS Jotter 1954, 50,– DM
rot, erster Parker KS
KS Window Jotter 1969, 10,– DM
freies Feld für Name etc.
DBS Jotter Demonstrator 30,– DM
1969, Vorführmodell

61 Classic 1958, 100,– DM
schwarz/Edelstahl
61 Classic 1958, 100,– DM
grau/Edelstahl
61 Classic 1958, 100,– DM
türkis/Edelstahl

61 Flighter 1958, 125,– DM
Edelstahl
61 de Luxe 1958, 125,– DM
schwarz/Edelstahl/Goldclip
61 de Luxe 1958, 125,– DM
türkis/Edelstahl/Goldclip
61 de Luxe 1958, 125,– DM
rot/Edelstahl/Goldclip
61 Custom 1958, 100,– DM
schwarz/vergoldet
61 Custom 1958, 125,– DM
grün/vergoldet
61 Custom 1958, 125,– DM
türkis/vergoldet

61 Custom 1958, 125,– DM
rot/vergoldet
61 Legacy 1958, 200,– DM
schwarz/Nickel-versilbert
61 Heritage 1958, 200,– DM
schwarz/vergoldet
61 Heirloom 1958, 200,– DM
schwarz/vergoldet
61 Heirloom 1958, 200,– DM
rot/vergoldet
61 Insignia 1958, 250,– DM
vergoldet

DBS 61 de Luxe 1958, 50,– DM
türkis/Edelstahl/Goldclip
DBS 61 Flighter 1958, 50,– DM
Edelstahl/Goldclip
DBS 61 Custom 1958, 75,– DM
schwarz/vergoldet
DBS 61 Custom 1958, 75,– DM
grau vergoldet
DBS 61 Insignia 1958, 125,– DM
vergoldet

Alle 61er gab es in den Schaftfarben: schwarz, grün, blau, grau, rot und türkis. Später wurde das Kapillarsystem gegen das normale Patronensystem ausgetauscht.

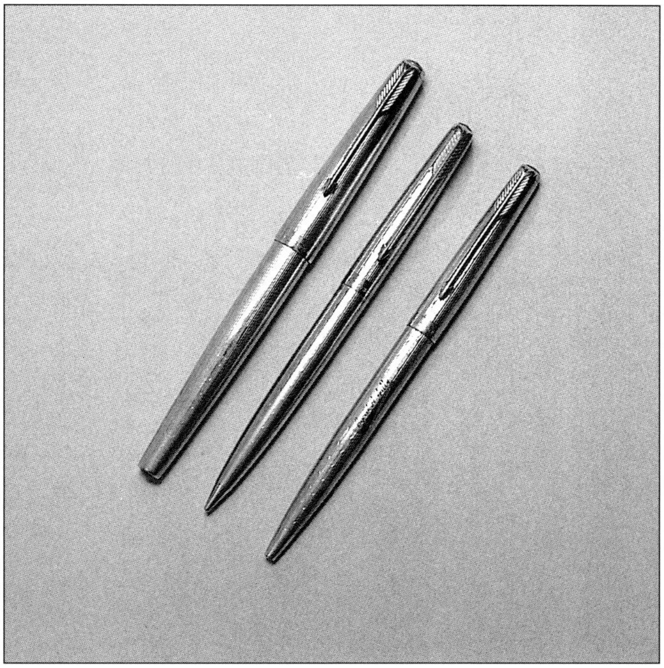

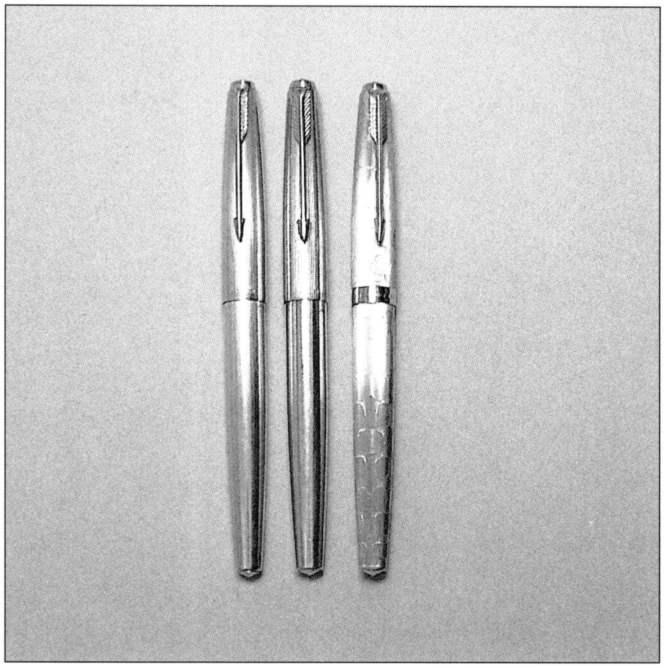

FH 61 Waterdrop ca. 1970, 9 Karat — **400,– DM**
DBS 61 Waterdrop ca. 1970, 9 Karat — **200,– DM**
KS 61 Waterdrop ca. 1970, 9 Karat — **200,– DM**
FH 61 Waterdrop ca. 1970, 18 Karat — **750,– DM** (ohne Abb.)
DBS 61 Waterdrop ca. 1970, 18 Karat — **300,– DM** (ohne Abb.)
KS 61 Waterdrop ca. 1970, 18 Karat — **300,– DM** (ohne Abb.)

61 Custom Insignia 1969, vergoldet, feine Streifen — **200,– DM**
61 Custom Insignia 1969, vergoldet, breite Streifen — **200,– DM**
61 Stratus 1976, vergoldet, Streifen, Muster — **300,– DM**

65 Classic 1967, grau/Edelstahl — **75,– DM**
65 Classic 1967, schwarz/Edelstahl — **75,– DM**
65 Classic de Luxe (?) 1969, schwarz/Edelstahl/Goldclip — **75,– DM**
65 Flighter 1971, Edelstahl — **75,– DM**
65 Flighter de Luxe 1971, Edelstahl/Goldclip — **85,– DM**
65 Custom 1967, schwarz/vergoldet — **85,– DM**

65 Custom 1967, türkis/vergoldet — **85,– DM**
65 Insignia 1967, vergoldet — **125,– DM**
65 Presidential 1967, 14 Karat — **600,– DM**
65 Presidential 1967, 18 Karat — **800,– DM** (ohne Abb.)

65er Serie ebenfalls in den Schaftfarben schwarz, grau, blau, türkis und rot erhältlich.

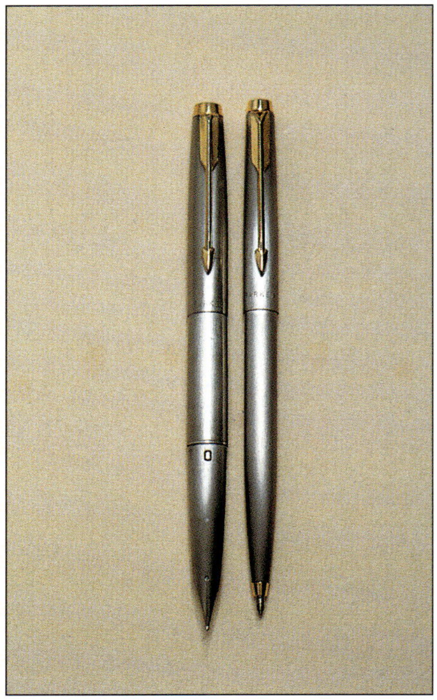

45 Schulfüller 1960, Plastik schwarz	**5,– DM**
45 Schulfüller 1960, Plastik rot	**5,– DM**
45 Standard 1960, Plastik grau	**10,– DM**
45 Standard 1960, Plastik grün	**10,– DM**
45 Flighter 1960, Edelstahl	**25,– DM**
45 Harlequin 1980, Edelstahl mit Muster	**75,– DM**
45 Harlequin 1980, Edelstahl mit Muster	**75,– DM**
45 Custom 1960, schwarz/Walzgold	**50,– DM**
45 Coronet Flighter 1971, schwarz/Edelstahl/verg. Clip	**25,– DM**
45 Coronet Flighter 1971, blau/Edelstahl/verg. Clip	**25,– DM**
45 Coronet 1969, hellblaues Dural	**50,– DM**
45 Coronet 1969, rotes Dural	**50,– DM**
45 Insignia 1960, Walzgold	**100,– DM**
45 Presidential 1967, 14 Karat	**500,– DM**

Die 45er Serie gab es in den Schaftfarben: blau, schwarz, rot, grün, orange, gelb, türkis und grau. Den Insignia gibt es in vollvergoldet, sowie mit schwarzem bzw. blauem Endstück.

FH T-1 1970, Titan	**400,– DM**
DBS T-1 1970, Titan	**200,– DM**
KS T-1 1970, Titan	**200,– DM** (ohne Abb.)
RB T-1 1970, Titan	**200,– DM** (ohne Abb.)

Diese Serie lief nur ca. 6 Monate und wurde dann aus Kostengründen wieder aus dem Programm genommen. Anlaß der Modelle war die Landung auf dem Mond!

75 Sterling 1967, Sterling kariert **200,– DM**
75 Grain d'orge 1970, goldplattiert/Kornguilloche **150,– DM**
75 Fileté 1970, goldplattiert/Streifenguilloche **150,– DM**
75 Perlé 1970, goldplattiert/Perlenguilloche **150,– DM**
75 Gaudron 1971, silberplattiert/Streifen **100,– DM**
75 Ecossais 1971, silberplattiert/Kästchen **150,– DM**
75 Custom 1972, schwarz/vergoldet **100,– DM**
75 Jaspis 1978, Lack orange **150,– DM**
75 Lapislazuli 1978, Lack blau **150,– DM**
75 Malachit 1978, Lack grün **150,– DM**
75 Thuja 1978, Lack braun **100,– DM**

Im Laufe der Jahre kamen viele verschiedene Guillochierungen und Lackausführungen dazu.
Die Kugelschreiber, Bleistifte und Roller sind jeweils mit 50,– bis 70,– DM zu bewerten.

180 (Modell für Boucheron) ca. 1980, 750er Weißgold mit Diamanten und Lapislazuli **1500,– DM**

180 Flighter 1978, Edelstahl **100,– DM**
180 Lack 1981, Lack blau **100,– DM**
180 Lack 1981, Lack rot **100,– DM**
180 Lack 1981, Lack orange **125,– DM**
180 Lack 1981, Lack Thuja (braun) **125,– DM**
180 Place Vendome 1981, silberplattiert **150,– DM**
180 Place Vendome 1981, goldplattiert **150,– DM**

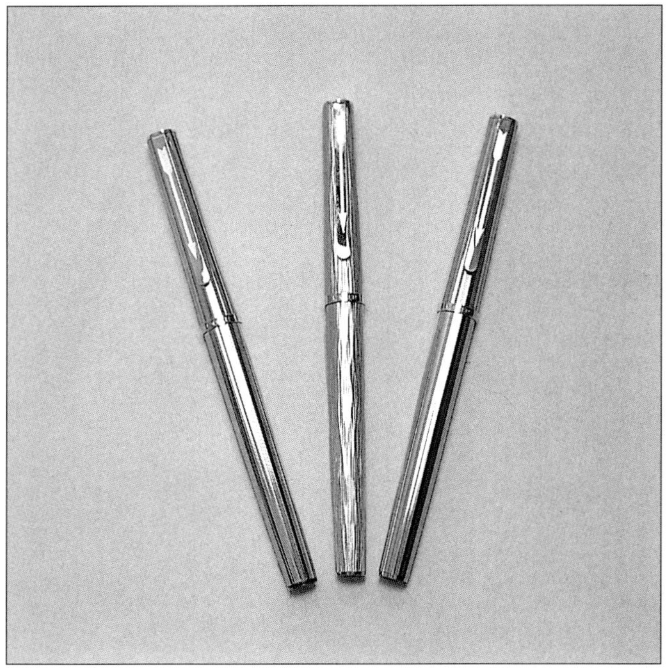

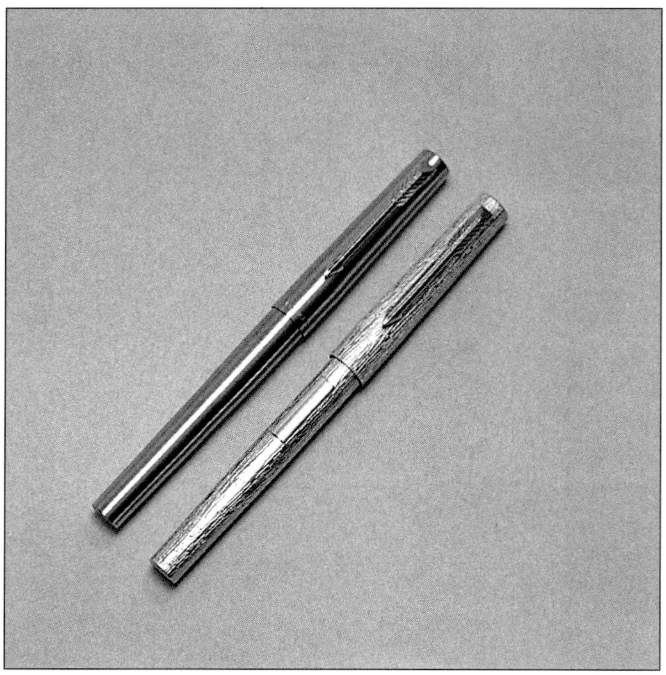

FH 50 Flighter 1982, Edelstahl/Goldclip	**50,– DM**
KS 50 Flighter 1982, Edelstahl/Goldclip	**35,– DM**
FH 50 braun 1982, braunes Epoxy	**75,– DM**
KS 50 braun 1982, braunes Epoxy	**50,– DM**
FH 50 schwarz 1982, schwarzes Epoxy	**60,– DM**
KS 50 schwarz 1982, schwarzes Epoxy	**40,– DM**
FH 50 vergoldet 1982, vergoldet	**150,– DM**
KS 50 vergoldet 1982, vergoldet	**75,– DM**

85 1981, silberplattiert	**200,– DM**
85 1981, Sterling Silber	**300,– DM**
85 1981, vergoldet Serie lief nur 1 Jahr!	**250,– DM**

105 ca. 1980, Edelstahl	**200,– DM**
105 ca. 1980, vergoldet	**300,– DM**

Premier China Laque 1985, **200,– DM**
Chinalack/Goldstaub
Premier goldplatt./Lack **200,– DM**
1985, vergoldet/Lackstreifen
95 Laque ca. 1990, **100,– DM**
türkis, Exportmodell
Arrow goldplattiert 1982, **75,– DM**
vergoldet
Sonnet Fougere 1993, **LP 520,– DM**
Sterling Silber
Sonnet Athenes 1993, **LP 450,– DM**
vergoldet/Lackstreifen
Sonnet goldplattiert **LP 260,– DM**
1993, vergoldet
Sonnet Laque 1993, **LP 220,– DM**
Lack in rot

Duofold Onyx 1988, **300,– DM**
schwarz
Duofold Saphir 1988, **300,– DM**
blau
Duofold Rubin 1988, **300,– DM**
rot
Duofold Jade (grün) 1988, **500,– DM**
nur für American Express
Die Serie gab es in zwei Größen, für die kleinere sind 50,– DM weniger zu rechnen.

Duofold Onyx 1990, **LP 590,– DM**
schwarz
Duofold Saphir 1990, **LP 590,– DM**
blau
Duofold Rubin 1990, **LP 590,– DM**
rot
Duofold Jade 1991, **LP 590,– DM**
grün
Duofold de Luxe 1991, **LP 650,– DM**
orange
Duofold de Luxe Opal **LP 650,– DM**
1992, weiß/schwarz marmoriert
Duofold de Luxe 1992, **LP 750,– DM**
Sterling Silber
Duofold de Luxe 1992, **LP 790,– DM**
goldplattiert
Duofold de Luxe **LP 19000,– DM**
1992, 18 Karat (ohne Abb.)
Diese Serie unterscheidet sich von der ersten darin, daß die Zierringe runder gefertigt wurden und der Füller mit einer 18 Karat Feder ausgestattet wurde. Ebenfalls sind zwei Größen erhältlich, Preisunterschied 100,– DM.

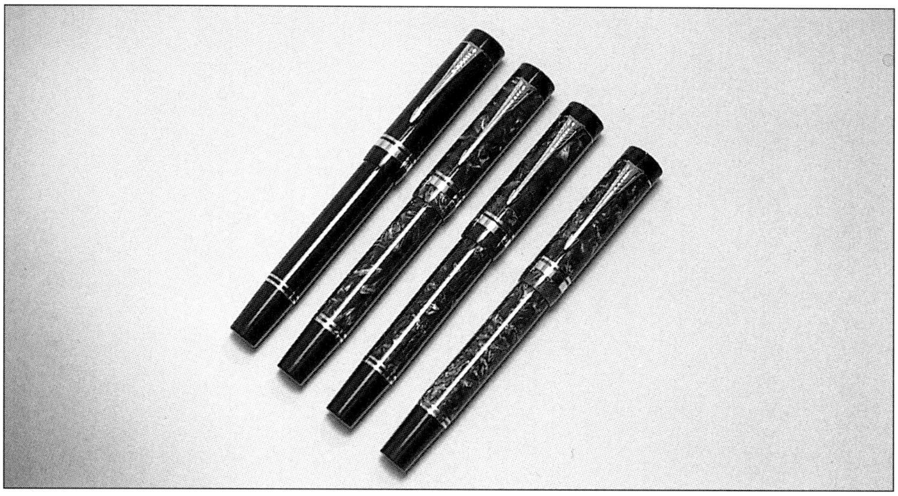

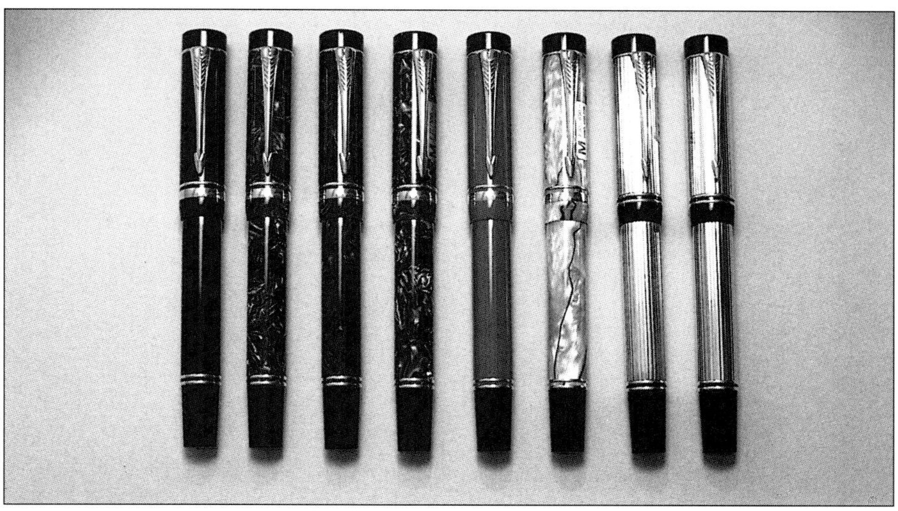

Pelikan
(1838 – heute)

Rappen 1932, schwarz transparent — **75,– DM**
Ibis 1932, schwarz — **60,– DM**
Ibis 1936, grau marmoriert — **200,– DM**
Ibis 1936, braun marmoriert — **200,– DM**
100 1929, Hartgummi, grün marmoriert — **75,– DM**
100 1929, grün marmoriert — **75,– DM**
100 1929, grau marmoriert — **150,– DM**
100 1929, grau marmoriert — **200,– DM**
100 1929, blau marmoriert — **600,– DM**
100 1929, grün marmoriert — **75,– DM**
100 1929, orange — **600,– DM**
100 1929, orange marmoriert — **600,– DM**
100 1929, grün marmoriert — **600,– DM**
100 1929, Eidechse — **800,– DM**
100 1929, braun marmoriert — **200,– DM**
100 1929, grün marmoriert — **100,– DM**
100 1929, schwarz — **100,– DM**
100 Gold 1930, Binde 14 Karat Gold — **700,– DM**
101 Gold 1930, B. + Kappe 14 Karat Gold — **1000,– DM**
100 Weißgold 1931, Binde 14 Karat Weißgold — **700,– DM**
101 Weißgold 1931, B. + Kappe 14 K. Weißgold — **1000,– DM**
100 Toledo 1934, 24 karätiger Goldbelag — **1200,– DM**
100 N 1937, grün marmoriert — **75,– DM**
100 N 1937, grün marmoriert — **75,– DM**
100 N 1937, schwarz — **100,– DM**
100 N 1937, Eidechse — **800,– DM**

100 N 1937, grau marmoriert — **150,– DM**
100 N 1937, grau marmoriert — **150,– DM**
100 N 1939, grün marmoriert (ohne Clip) — **150,– DM**
100 N 1939, Schildpatt — **200,– DM**
100 N 1939, Schildpatt — **350,– DM**
100 N 1937, Perlmutt — **400,– DM**
100 N 1937, Perlmutt — **350,– DM**
100 N 1937, Perlmutt — **350,– DM**
100 N 1939, Transparent — **300,– DM**
100 N 1937, grün marmoriert — **75,– DM**

100 N 1937, Schildpatt	**350,– DM**
100 N 1937, Schildpatt	**350,– DM**
100 N 1939, grün marmoriert	**200,– DM**
140 1952, grün gestreift	**75,– DM**
140 1952, Perlmutt	**350,– DM**

140 1952, weiß	**300,– DM**
140 1952, schwarz, verg. Beschläge	**75,– DM**
140 1952, dunkelgrün	**150,– DM**
140 1952, dunkelblau	**150,– DM**
140 1952, bordeaux	**150,– DM**

140 1952, schwarz, verchromt	**100,– DM**
120 1955, schwarz-grün	**75,– DM**
120 1955, schwarz-grün	**75,– DM**
500 1950, Schildpatt-Doubleé	**300,– DM**
500 1950, schwarz-Doubleé	**350,– DM**
500 1950, schwarz-Doubleé	**350,– DM**
500 1950, Schildpatt-Doubleé	**300,– DM**
500N 1956, Schildpatt-Doubleé	**300,– DM**
500NN 1956, Schildpatt-Doubleé	**350,– DM**
520 1955, Walzgold-Doubleé	**400,– DM**
520N 1955, Walzgold-Doubleé	**400,– DM**
520NN 1955, Walzgold-Doubleé	**450,– DM**
400 1950, grün marmoriert	**100,– DM**
400 1950, grün marmoriert	**100,– DM**
400 1950, Perlmutt	**400,– DM**
400 1950, grau marmoriert	**300,– DM**
400 1950, schwarz	**175,– DM**
400 1950, grün gestreift	**100,– DM**
400 1950, braun gestreift	**100,– DM**
400 N 1955, grün gestreift	**100,– DM**
400 N 1955, braun gestreift	**100,– DM**
400 NN 1956, Transparent	**500,– DM**
400 NN 1956, grün gestreift	**125,– DM**
400 NN 1956, Perlmutt	**400,– DM**
400 NN 1956, grau gestreift	**250,– DM**
400 NN 1956, schwarz	**200,– DM**
400 NN 1956, grün gestreift	**125,– DM**
400 NN 1956, braun gestreift	**125,– DM**

(Die Angaben beziehen sich auf Füller quer über beide Seiten)

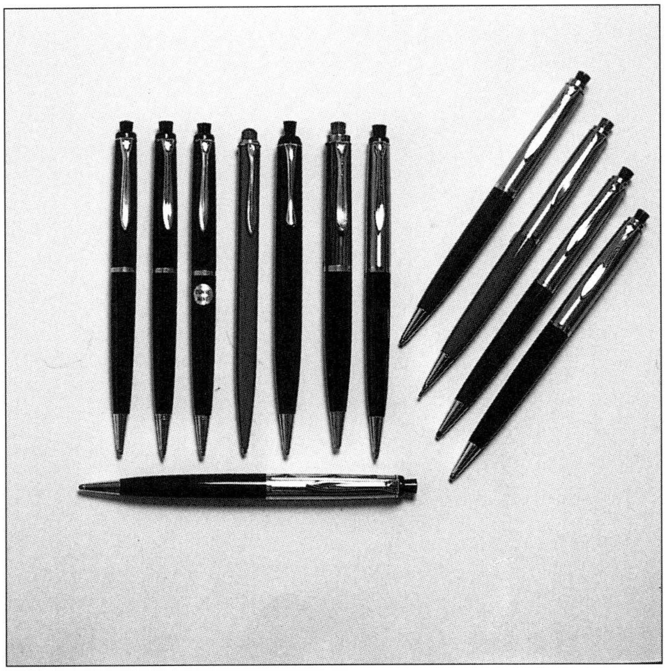

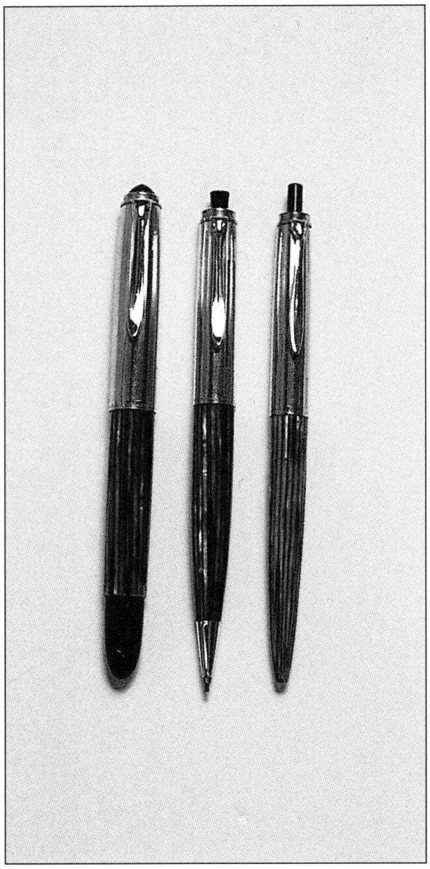

DBS 350 1951, grün	**50,– DM**
DBS 350 1951, dunkelblau	**60,– DM**
DBS 350 1951, schwarz	**50,– DM**
DBS 350 1951, schwarz/grün	**50,– DM** (ohne Abb.)
DBS 50F 1953, hellgrün	**50,– DM**
DBS 50F 1953, schwarz	**50,– DM** (ohne Abb.)
DBS 50F 1953, weinrot	**50,– DM** (ohne Abb.)
DBS 50F 1953, hellblau	**50,– DM** (ohne Abb.)
DBS 50F 1953, braun	**50,– DM** (ohne Abb.)
DBS 50F 1953, grau	**50,– DM** (ohne Abb.)
DBS 250 1951, schwarz	**50,– DM**
DBS 250 1951, schwarz/grün	**50,– DM** (ohne Abb.)
DBS 450 1955, schwarz	**60,– DM** (ohne Abb.)
DBS 450 1955, schwarz/grün	**60,– DM**
DBS 450 1955, Schildpatt/braun	**60,– DM** (ohne Abb.)
DBS D15 1962, blau/Edelstahl	**25,– DM**

DBS 550 ca. 1965, grün/Edelstahl	**25,– DM**
DBS 550 ca. 1965, blau/Edelstahl	**25,– DM** (ohne Abb.)
DBS 550 ca. 1965, grau/Edelstahl	**25,– DM**
DBS 550 ca. 1965, rot/Edelstahl	**25,– DM**
DBS 550 ca. 1965, schwarz/Edelstahl	**25,– DM**
DBS D25 1962, blau/vergoldet	**50,– DM**
P1 S 1959, rot/Edelstahl Kappe	**75,– DM**
P1 S 1959, grau/Edelstahl Kappe	**75,– DM**
P1 S 1959, schwarz/Edelstahl Kappe	**75,– DM** (ohne Abb.)
P1 S 1959, grün/Edelstahl Kappe	**75,– DM** (ohne Abb.)
P1 RG 1959, rot/vergoldete Kappe	**100,– DM**
P1 RG 1959, grau/vergoldete Kappe	**100,– DM**
P1 RG 1959, schwarz/vergoldete Kappe	**100,– DM** (ohne Abb.)
P1 RG 1959, grün/vergoldete Kappe	**100,– DM** (ohne Abb.)

FH 500NN 1956, Schildpatt vergoldet
DBS 550 1951,
Schildpatt vergoldet **kompl. 500,– DM**
KS 555 (?) ca. 1956, Schildpatt vergoldet

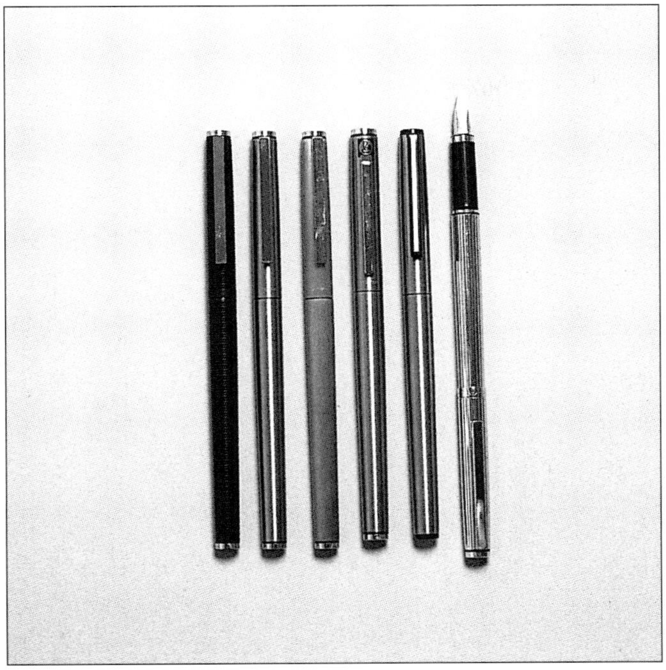

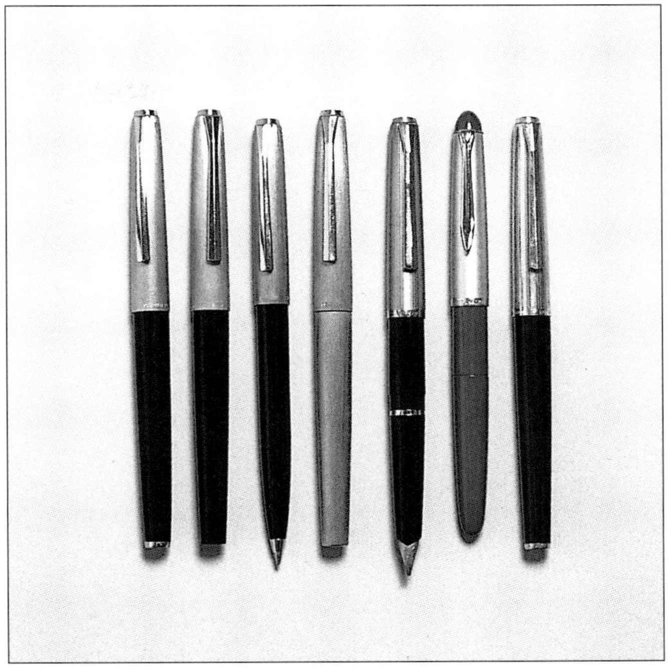

P 620 Signum 1984, schwarz	25,– DM
P 560 Signum 1984, Edelstahl/Goldclip	50,– DM
P 540 Signum 1984, Edelstahl strichmattiert	30,– DM
P 530 Signum 1984, Edelstahl Fadenguilloche	20,– DM
P 510 Signum 1984, Edelstahl	10,– DM
Signum ca. 1980, silberplattiert	40,– DM
Signum ca. 1980, goldplattiert	80,– DM (ohne Abb.)

Souverän 760 1988, goldplattiert	300,– DM
Souverän 750, 1988, silberplattiert	250,– DM (ohne Abb.)

Diese Serie erschien als Jubiläumsserie zum 150-jährigen Bestehen der Firma.

FH P 21 Silvexa 1971, schwarz/Edelstahl, Patrone	20,– DM
FH M 21 Silvexa 1971, dito Kolbenhalter	25,– DM
KS passend 1971	10,– DM
FH ganz mattiert ca. 1973	30,– DM
FH P 15 1972, schwarz/Edelstahl	20,– DM
FH Pelikano 1960, erster Pelikano	10,– DM

FH P30 1966, blau/gold	30,– DM
FH P30 1966, schwarz/gold	30,– DM (ohne Abb.)
FH M30 1966, blau/gold	35,– DM (ohne Abb.)
FH M30 1966, schwarz/gold	35,– DM (ohne Abb.)

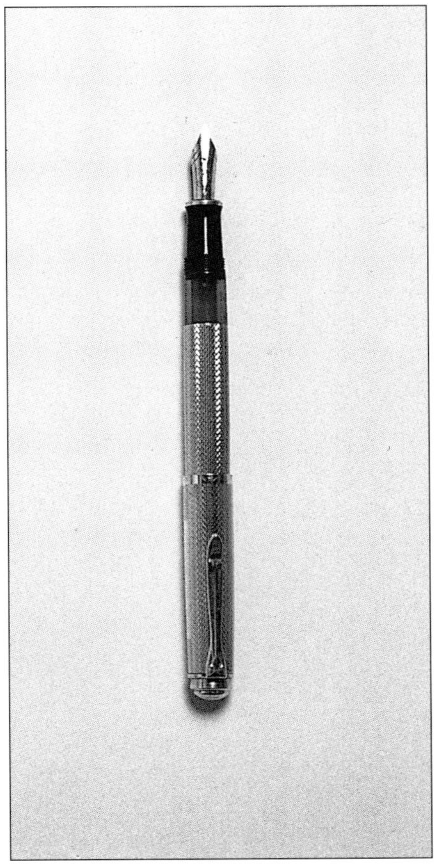

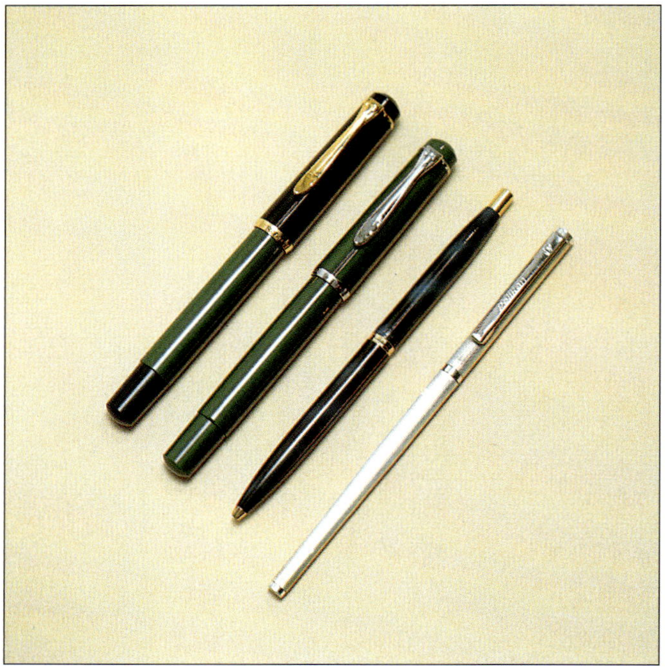

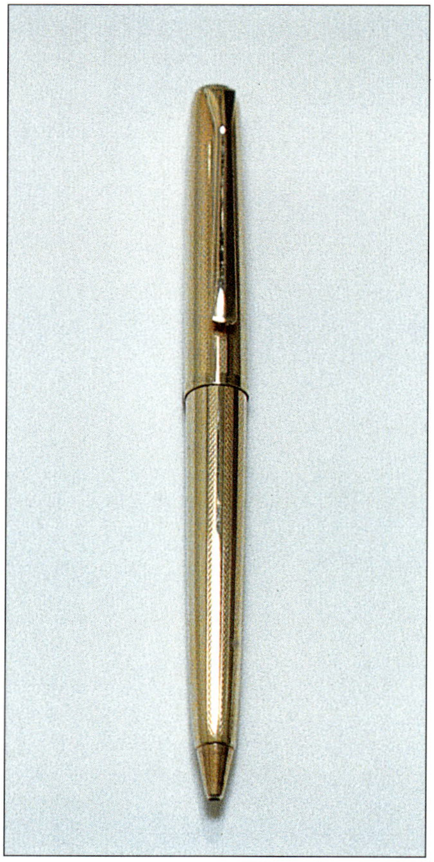

KS 455 1955, schwarz **50,– DM**
KS 455 1955, schwarz/grün **50,– DM** (ohne Abb.)
KS 455 1955, braun/Schildpatt **50,– DM** (ohne Abb.)
KS R15 ca. 1970, rot/verchromt **10,– DM**
3-Farb 3 x 1 ca. 1970, blau/Edelstahl **10,– DM**
3-Farb 3 x 1 ca. 1970, schwarz/Edelstahl **10,– DM**

Der Kennbuchstabe vor der Modellnummer steht für das Füllsystem. So bedeutet M = Mechanik (Kolben) und P = Patrone.

KS 585 Karat ca. 1969 **300,– DM**

M 150 1991, grün/schwarz **60,– DM**
M 100 1991, grün **40,– DM**
M 100 1991, braun **40,– DM** (ohne Abb.)
KS ca. 1980, blau marmoriert **25,– DM**
KS ca. 1980, Sterling Silber **50,– DM**
Alle Schreibgeräte waren Exportmodelle für den italienischen Markt.

KS 800 1994, grün/schwarz — **LP 210,– DM**
FH 800 1994, grün/schwarz — **LP 495,– DM**
DBS 800 1994, grün/schwarz — **LP 210,– DM** (ohne Abb.)
RB 800 1994, grün/schwarz — **LP 275,– DM**
KS 800 1994, schwarz — **LP 210,– DM** (ohne Abb.)
FH 800 1994, schwarz — **LP 495,– DM** (ohne Abb.)
DBS 800 1994, schwarz — **LP 210,– DM** (ohne Abb.)
RB 800 1994, schwarz — **LP 275,– DM** (ohne Abb.)

Toledo 710 1993, Sterling Silber — **LP 920,– DM**
Toledo 700 1990, Sterling Silber vergoldet — **LP 920,– DM**
Toledo 910 1993, Sterling Silber — **LP 1600,– DM**
Toledo 900 1993, Sterling Silber vergoldet — **LP 1600,– DM**

Penol

Penol ca. 1935, orange — **50,– DM**
Penol No. 8 ca. 1935, orange — **50,– DM**
DBS Penol No. 210 ca. 1935, orange — **25,– DM**

Penol No. 0 ca. 1940, schwarz — **30,– DM**
P. Ambassador Senior ca. 1940, grau gestrichelt — **100,– DM**

Penol No. 8 ca. 1935, braun marmoriert — **100,– DM**
Penol No. 5 ca. 1935, braun marmoriert — **75,– DM**
Penol Quality Pen ca. 1950, weiß-braun marmoriert — **75,– DM**

Platignum

FH ca. 1950, schwarz	**50,– DM**
Stylo de Luxe ca. 1940, grün/schwarz marmoriert	**50,– DM**
Platignum de Luxe ca. 1930, black and pearl	**50,– DM**
Golden Platignum ca. 1940, grün marmoriert	**50,– DM**

Gold Tone ca. 1950, braun/gold marmoriert	**25,– DM**
Gold Tone ca. 1950, grau/Edelstahl	**20,– DM**
Golden Platignum ca. 1960, blau/Edelstahl	**10,– DM**

FH ca. 1960, grau	**10,– DM**
FH ca. 1960, türkis	**10,– DM**
FH ca. 1960, türkis	**10,– DM**
Varsity ca. 1960, schwarz	**10,– DM**
Silverline ca. 1960, rot	**10,– DM**
Silverline ca. 1960, schwarz/Edelstahl	**5,– DM**
Graduate Pressmatic ca. 1960, blau/Edelstahl	**5,– DM**

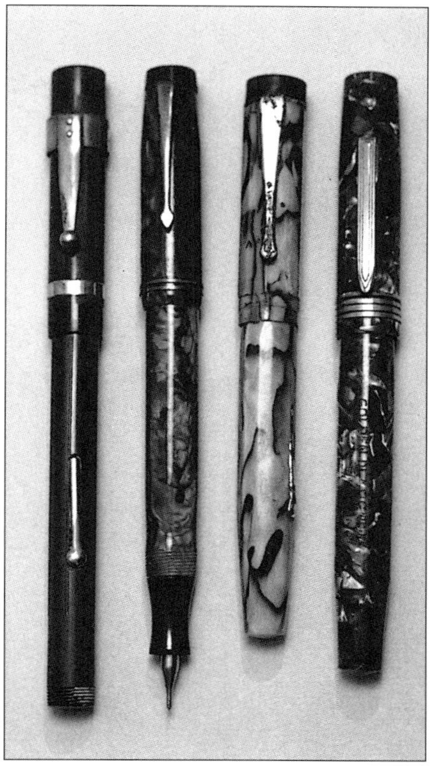

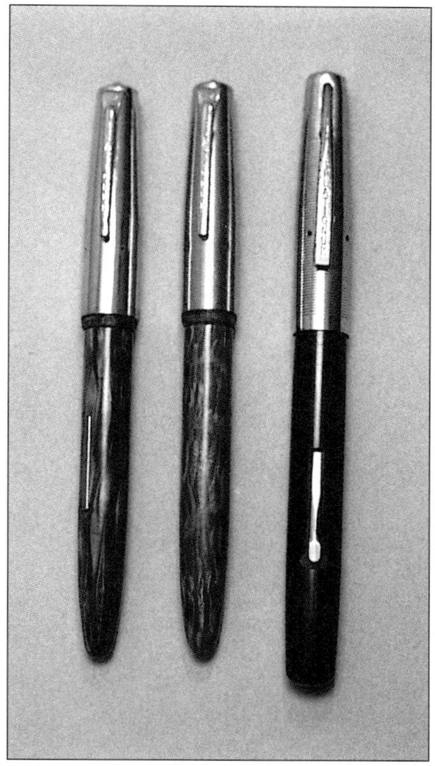

Rotring
(1928 – heute)

Tintenkuli ca. 1950, grau gestrichelt **50,– DM**
Tintenkuli ca. 1950, grün gestreift **50,– DM**
Tintenkuli ca. 1950, blau marmoriert **50,– DM**
Der Tintenkuli gilt als Vorläufer des Röhrchenfüllers und wurde in vielen Farbvarianten produziert.

Rapidograph No 1 1957, schwarz, 0,3 mm **10,– DM**
Rapidograph 0,3 ca. 1960, schwarz, 0,3 mm **10,– DM**
Rapidograph 0,35 ca. 1980, schwarz, 0,35 mm **LP 34,20 DM**
Anfang der 80iger Jahre wurden teilweise die Größen verändert, aus 0,3 mm wurde 0,35 mm.

Tintenkuli 117 1957, Chrom-schwarz **20,– DM**
Rollkuli 211 1957, schwarz **15,– DM**
Rollkuli 1957, für den arabischen Markt **30,– DM**
Rollkuli ca. 1960, schwarz **15,– DM**
Kennung für den arabischen Markt: fountain pen.

Tikk-Kuli 311 1957, schwarz	**10,– DM**
Tikk-Kuli 361 1957, schwarz/Chrom	**10,– DM**
Kugelschreiber 1963, vergoldet	**20,– DM**
Kugelschreiber 1980, verchromt	**5,– DM**
Bleikuli ca. 1960, schwarz	**20,– DM**
2-Farb KS 371 1957, schwarz/Chrom	**10,– DM**
Roller 1980, Edelstahl	**5,– DM**
Quattro Pen 1992, anthrazit	**LP 69,– DM**
Füller ca. 1982, grün marmoriert	**30,– DM**
FH 600 1991, Stahlfeder	**LP 99,– DM**
FH 600 1991, schwarz	**LP 99,– DM**
FH 600 1991, 14 Karat Goldfeder (ohne Abb.)	**LP 189,– DM**
FH 900 1992, Röhrchenfüller	**LP 76,– DM**
FH 900 1992, Stahlfeder (ohne Abb.)	**LP 95,– DM**
FH 700 1993, schwarz	**LP 120,– DM**
KS 700 1993, schwarz	**LP 80,– DM**

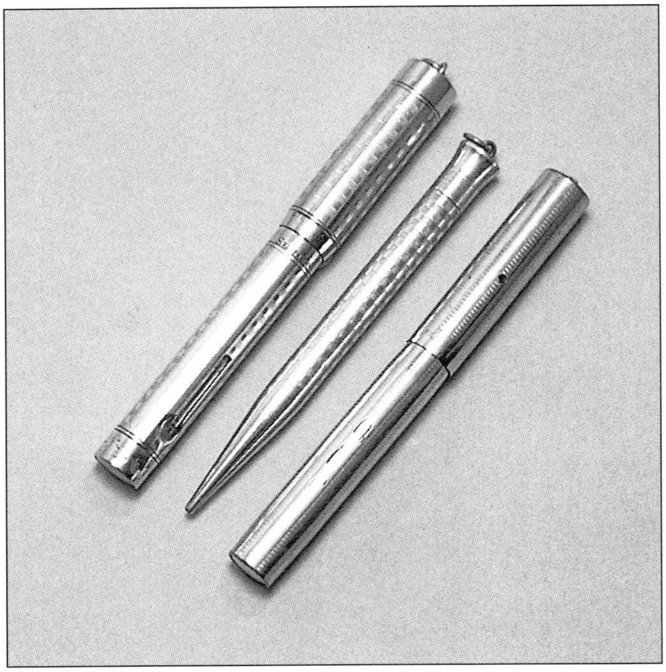

FH Sheaffer Lady ca. 1917, Sterling Silber	**250,– DM**
DBS Sheaffer ca. 1917, Sterling Silber	**100,– DM**
FH Sheaffer Lady ca. 1917, vergoldet	**250,– DM**
DBS Sheaffer ca. 1917, vergoldet (ohne Abb.)	**100,– DM**

Sheaffer
(1913 – heute)

Lady 1925, grün mit Öse	**100,– DM**
Lady ca. 1920, schwarz mit Clip	**100,– DM**
DBS Lady 1920, grün	**75,– DM**
Junior 1923, grün mit Öse	**100,– DM**
Junior 1923, orange mit Öse (ohne Abb.)	**150,– DM**
Junior Lifetime 1923, black and pearl/Clip	**200,– DM**
5-30 1928, grün mit zwei Bändern	**125,– DM**

Die 5-30 Serie wurde als billige Alternative zur Lifetime Serie produziert.

Senior 1914, schwarz guill., Flat Top	**300,– DM**
Lifetime Senior 1924, schwarz, 1 Band, Flat Top	**250,– DM**
Lifetime Senior 1928, schwarz, 2 Bänder, Flat Top	**250,– DM**
Lifetime Senior 1924, black and pearl, Flat Top	**350,– DM**
Lifetime Senior 1924, grün, 1 Band, Flat Top	**450,– DM** (ohne Abb.)
Lifetime Senior 1924, grün, 2 Bänder, Flat Top	**450,– DM** (ohne Abb.)

Lifetime Senior 1932, grün, Streamline	**400,– DM**
Lifetime Senior 1932, schwarz, Streamline	**200,– DM**
Lifetime Senior 1932, black and pearl, Streamline	**300,– DM** (ohne Abb.)
Lifetime Senior 1937, grau gestreift	**250,– DM**
Lifetime Senior 1937, rot gestreift	**275,– DM** (ohne Abb.)
Lifetime Senior 1937, braun gestreift	**250,– DM** (ohne Abb.)

Lady Lifetime lang ca. 1932, grün	**250,– DM**
Lady Lifetime lang ca. 1932, black and pearl	**250,– DM**

Alle Lifetime Modelle sind mit dem weißen Punkt gekennzeichnet. Auf diese Stifte gibt Sheaffer dem Erstbesitzer eine lebenslange Garantie!

Combo (Füller/Blei) 1930, schwarz	**250,– DM**
Combo (Füller/Blei) 1930, black and pearl	**300,– DM** (ohne Abb.)
Combo (Füller/Blei) 1930, grün	**300,– DM** (ohne Abb.)

Junior 275 ca. 1935, schwarz/Perlmutteinlage	**200,– DM**
DBS 200 ca. 1935, schwarz/Perlmutteinlage	**100,– DM**
Senior ca. 1935, schwarz/Perlmutteinlage	**550,– DM** (ohne Abb.)
DBS ca. 1935, schwarz/Perlmutteinlage	**200,– DM** (ohne Abb.)

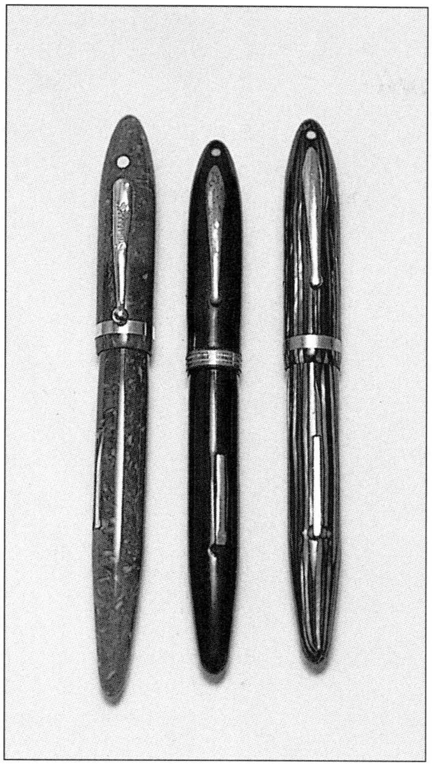

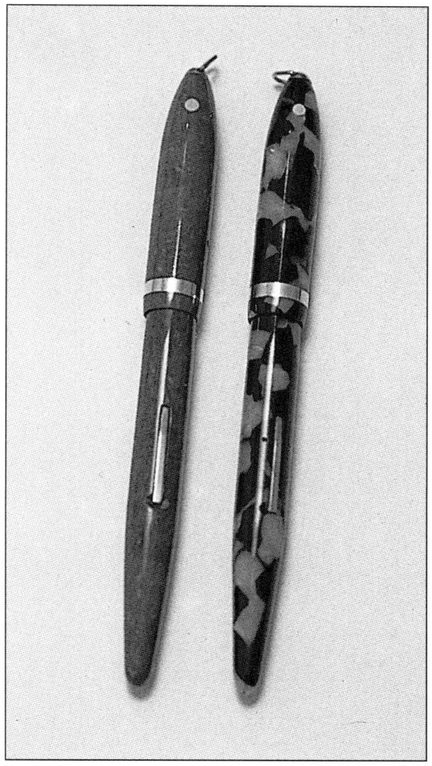

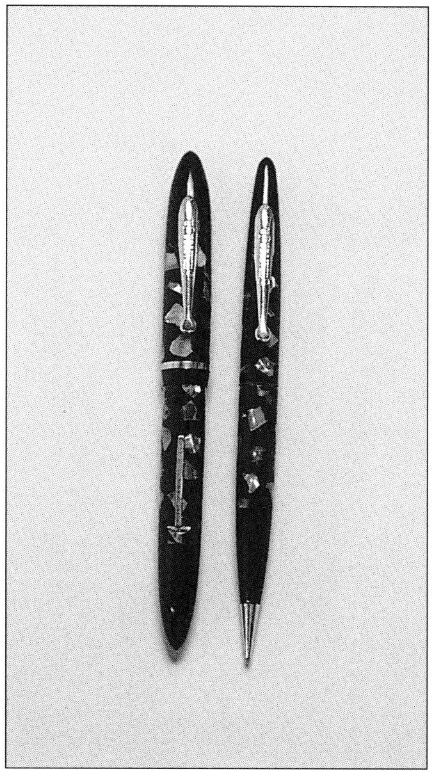

Lifetime 1936, **100,– DM**
schwarz

Lifetime 1000 1937, **150,– DM**
grau gestreift, Militärclip

Lifetime 1937, **150,– DM**
braun gestreift

Lifetime 1250 1937, **150,– DM**
braun gestreift

Etliche Varianten mit schmalen, breiten und extrem breiten Kappenbändern sowie diese in verschiedenen Farben, wurden produziert.

Feather Touch 500 1945, **50,– DM**
schwarz

Feather Touch 500 1945, **75,– DM**
schwarz, groß

Feather Touch 500 1945, **125,– DM**
grau gestreift

Feather Touch 500 1941, **150,– DM**
grün gestreift, Militärclip

Feather Touch 500 1945, **125,– DM**
braun gestreift (ohne Abb.)

Feather Touch 500 1945, **125,– DM**
rot gestreift (ohne Abb.)

DBS 400 1945, **25,– DM**
schwarz (ohne Abb.)

DBS 400 1945, **50,– DM**
grau gestreift (ohne Abb.)

DBS 400 1945, **50,– DM**
grün gestreift

DBS 400 1945, **50,– DM**
braun gestreift (ohne Abb.)

DBS 400 1945, **50,– DM**
rot gestreift (ohne Abb.)

Admiral 1945, **75,– DM**
schwarz

Admiral 1945, **75,– DM**
braun

Admiral 1945, **75,– DM**
grün

Admiral 1945, **100,– DM**
rot gestreift (ohne Abb.)

Admiral 1945, **100,– DM**
grün gestreift (ohne Abb.)

Tucky DBS 1945, **30,– DM**
rot

Tucky DBS 1945, **30,– DM**
schwarz (ohne Abb.)

Tucky FH 1945, **75,– DM**
rot (ohne Abb.)

Tucky FH 1945, **75,– DM**
schwarz, schmales Band

Tucky FH 1945, **75,– DM**
schwarz, breites Band

FH Crest 1942, **150,– DM**
schwarz/gold

DBS Crest 1942, **75,– DM**
schwarz/gold

FH Crest 1942, **300,– DM**
vergoldet (ohne Abb.)

DBS Crest 1942, **100,– DM**
vergoldet (ohne Abb.)

FH Crest Opalite 1993, **LP 420,– DM**
gepreßte Baumwolle/verg.

KS Crest Opalite 1993, **LP 260,– DM**
gepreßte Baumwolle/verg.

RB Crest Opalite 1993, **LP 290,– DM**
gepreßte Baumwolle/verg.
Erstmalig wurde bei einem Schreibgerät Baumwolle als Rohstoff verwendet!

Admiral Snorkel 1952, **100,– DM**
blau

Statesman Snorkel 1952, **100,– DM**
rot

Statesman Snorkel 1952, **100,– DM**
schwarz

Saratoga Snorkel 1952, **100,– DM**
grau

Admiral Snorkel 1952, **100,– DM**
grün

Sentinel de Luxe Snorkel **125,– DM**
1952, schwarz/Edelstahl

Sentinel de Luxe Snorkel **125,– DM**
1952, grau/Edelstahl

DBS Saratoga 1952, **30,– DM**
blau (ohne Abb.)

DBS Saratoga 1952, **30,– DM**
rot

DBS Saratoga 1952, **30,– DM**
schwarz

DBS Saratoga 1952, **30,– DM**
grau

DBS Saratoga 1952, **30,– DM**
grün
Die verschiedenen Bezeichnungen sind an der Federart und am weißen Punkt erkennbar.

PFM Snorkel 1959, schwarz/Edelstahlkappe	**200,– DM**
PFM Snorkel 1959, schwarz/vergoldeter Clip	**250,– DM**
PFM Snorkel 1959, schwarz/Edelstahlclip	**200,– DM** (ohne Abb.)

Serie gab es in verschiedenen Schaftfarben; mit Palladium Silber Feder und Goldfeder. PFM heißt Pen for men.

Touchdown Imperial 1962, schwarz	**50,– DM**
Touchdown Imperial 1962, blau	**50,– DM**
Touchdown 1950, blau	**50,– DM**
DBS 1950, blau	**20,– DM**
Touchdown 1950, grün	**50,– DM** (ohne Abb.)
DBS 1950, grün	**20,– DM**

Sheaffer 3A ca. 1918, schwarz, Wellenguilloche	**125,– DM**
Sheaffer 3-25 ca. 1945, grün marmoriert	**125,– DM**
Sheaffer Imperial 1969, vergoldet	**125,– DM**

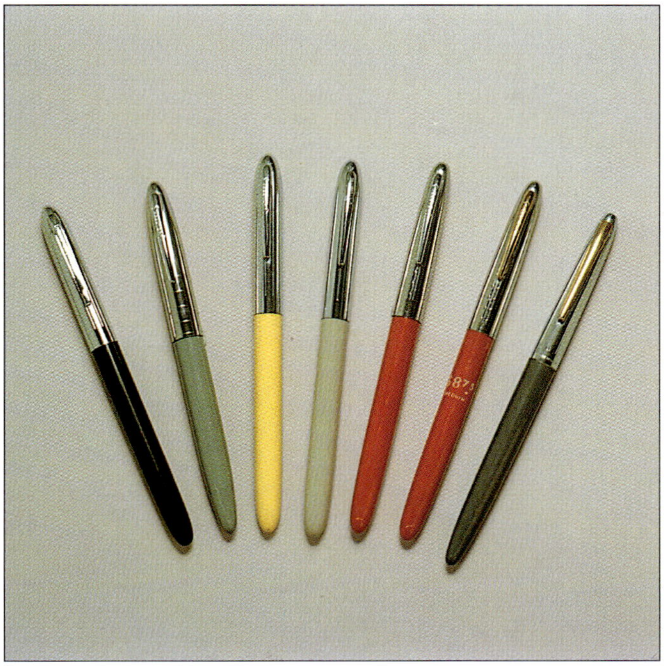

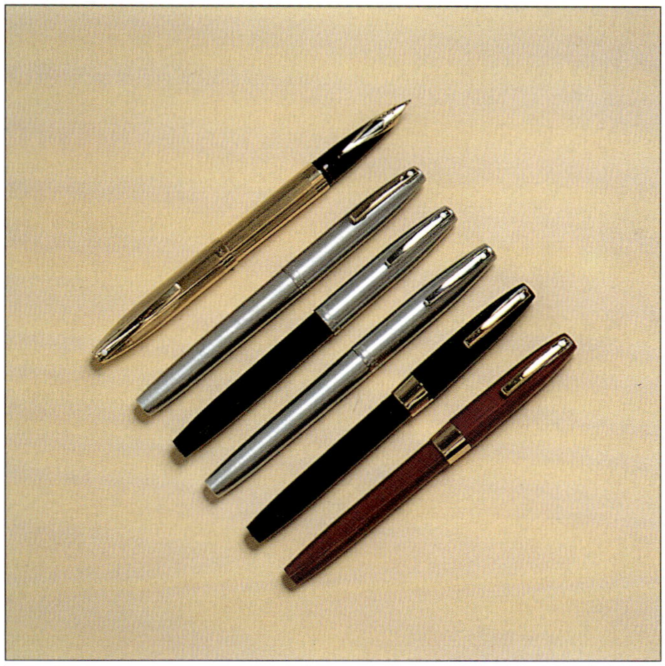

Schulfüllhalter ca. 1970, schwarz/Edelstahl	**5,– DM**
Schulfüllhalter ca. 1970, grau/Edelstahl	**5,– DM**
Schulfüllhalter ca. 1970, gelb/Edelstahl	**5,– DM**
Schulfüllhalter ca. 1970, beige/Edelstahl	**5,– DM**
Schulfüllhalter ca. 1970, rot/Edelstahl	**5,– DM**
Schulfüllhalter ca. 1970, rot/Edelstahl/verg. Clip	**10,– DM**
Schulfüllhalter ca. 1970, grau/Edelstahl/verg. Clip	**10,– DM**

Diese Serie wurde in etlichen Farben produziert.

Triumph 1960, vergoldet	**100,– DM**
Triumph 1980, Edelstahl, Goldclip	**40,– DM**
Triumph 1990, blau/Edelstahl	**20,– DM**
Triumph 1990, Edelstahl	**30,– DM**
Triumph 1990, schwarz	**50,– DM**
Triumph 1990, rot	**50,– DM**

Targa 1976, schwarz, Epoxy	**LP 115,– DM**
Targa Lady 1976, Lack schwarz	**LP 330,– DM**
Targa ca. 1980, silberplattiert	**100,– DM**
Targa Fred 1992, Sterling Silber	**LP 1025,– DM**
KS Fred 1992, Sterling Silber (ohne Abb.)	**LP 875,– DM**

Die meisten Targa Modelle gab und gibt es in zwei Ausführungen. Sie werden in verschiedenen Lack- und Metallegierungen vertrieben. Lacktargas seit 1979.

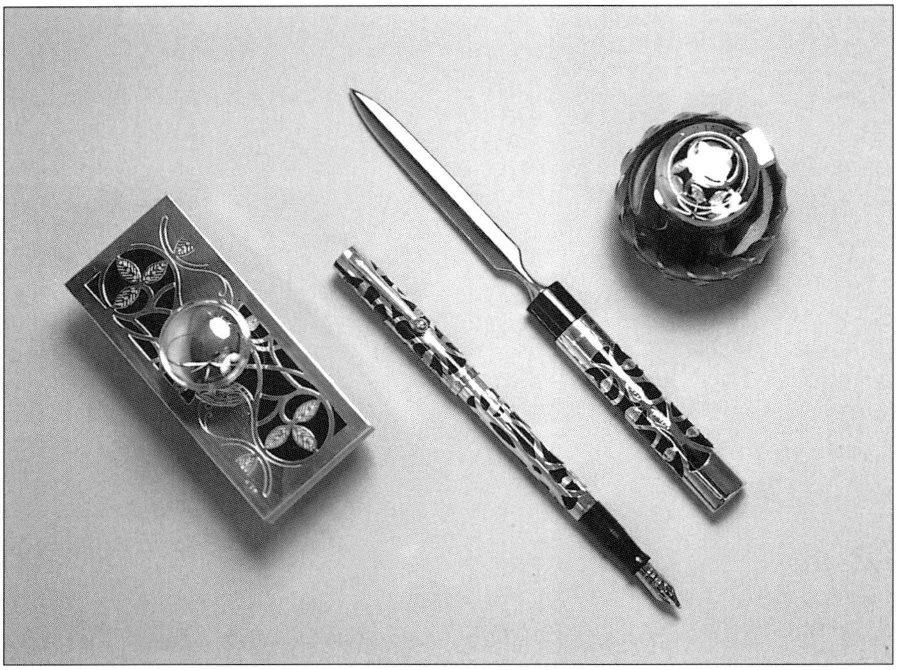

Nostalgia Wiegelöscher **LP 980,– DM**
1982, Sterling Silber
Nostalgia Füller **LP 890,– DM**
1980, Sterling Silber
Nostalgia Brieföffner **LP 775,– DM**
1982, Sterling Silber
Nostalgia Tintenfaß **LP 875,– DM**
1982, Sterling Silber
Der Nostalgia Füllhalter wurde dem Original von 1920 nachgebaut. Ihn gab es auch wenige Jahre in Silber vergoldet.

Soennecken
(1868 – 1973)

16 ca. 1910, Sicherheitshalter **150,– DM**
DBS 140 ca. 1920, grün marmoriert **75,– DM**
1306 ca. 1940, schwarz **50,– DM**
1306 ca. 1940, blauperl **100,– DM** (ohne Abb.)
1306 ca. 1940, fischperl **100,– DM** (ohne Abb.)
112A 1947, schwarz **50,– DM**
116 1947, schwarz **60,– DM**
303 1935, schwarz **50,– DM**
DBS ca. 1940, schwarz **20,– DM**
309 ca. 1940, schwarz **50,– DM**
412 ca. 1940, schwarz **50,– DM**

Swan
(1873 –1957)

222 Superior 1951, rot marmoriert **150,– DM**
111 Superior 1951, dunkelschildpatt marmoriert **200,– DM**
Beide Serien gab es in drei Größen (Lady, Superior und Extra) und fünf (222) bzw. sechs Farben (111).

444 Superior ca. 1955, schwarz **50,– DM**
Schulfüller 1960, schwarz **20,– DM**
100 1960, schwarz **20,– DM**
101 1960, schwarz **20,– DM**
S4 1956, schwarz **30,– DM**
S4 1956, lila **50,– DM**

Eyedropper 1905, vergoldet **300,– DM**

Eyedropper 1500 ca. 1910, schwarz mit Hülse	**75,– DM**
Eyedropper 202 ca. 1910, schwarz, Wellenguilloche	**50,– DM**
Eyedropper No. 2 ca. 1910, schwarz, Lady mit Öse	**50,– DM**
Eyedropper No. 2 ca. 1910, schwarz, breites Band	**75,– DM**
Eyedropper No. 3 ca. 1910, schwarz, 18 Karat Band	**100,– DM**
Eyedropper 300 ca. 1910, schwarz	**50,– DM**
Eyedropper vergoldet ca. 1910, vergoldet	**150,– DM**

SF 2 ca. 1920, schwarz, breites Band	**75,– DM**
Sf 3 ca. 1920, schwarz, ohne Band	**50,– DM**
230/60 ca. 1920, schwarz/Red Ripple	**100,– DM**
SM 2/60 Minor ca. 1920, schwarz, Streifenguilloche	**50,– DM**
42 Posting ca. 1920, schwarz, Wellenguilloche	**50,– DM**
Self Filler ca. 1920, schwarz, 2 braune Bänder	**50,– DM**

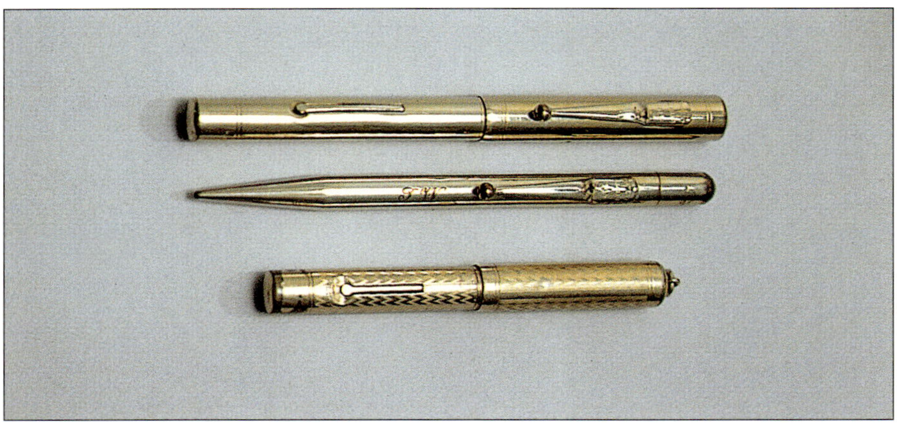

Swan vergoldet ca. 1920	**200,– DM**
DBS vergoldet ca. 1920	**50,– DM**
Swan Lady ca. 1920, mit Öse	**125,– DM**

Swan ca. 1920, Sterling Silber	**150,– DM**
42 ca. 1922, Red Ripple	**100,– DM**
1 S.F ca. 1922, Red Ripple	**75,– DM**
1 S.F ca. 1922, schwarz	**40,– DM** (ohne Abb.)
2 S.F ca. 1922, schwarz	**50,– DM** (ohne Abb.)
272/52 ca. 1925, Lady, Öse, blau marmoriert	**75,– DM**

Eternal 42 1925, Red Ripple	**250,– DM**
Eternal 42 1925, schwarz	**100,– DM** (ohne Abb.)
Eternal 44 1925, Red Ripple	**300,– DM** (ohne Abb.)
Eternal 44 1925, schwarz	**150,– DM** (ohne Abb.)
Eternal 46 1925, Red Ripple	**400,– DM** (ohne Abb.)
Eternal 46 1925, schwarz	**200,– DM** (ohne Abb.)

Swan Lady ca. 1920, 9 Karat Gold, Öse	**250,– DM**
Fyne Point DBS ca. 1920, 9 Karat, Wellenguilloche	**150,– DM**
Swan ca. 1920, 15 Karat Streifenguilloche	**400,– DM**

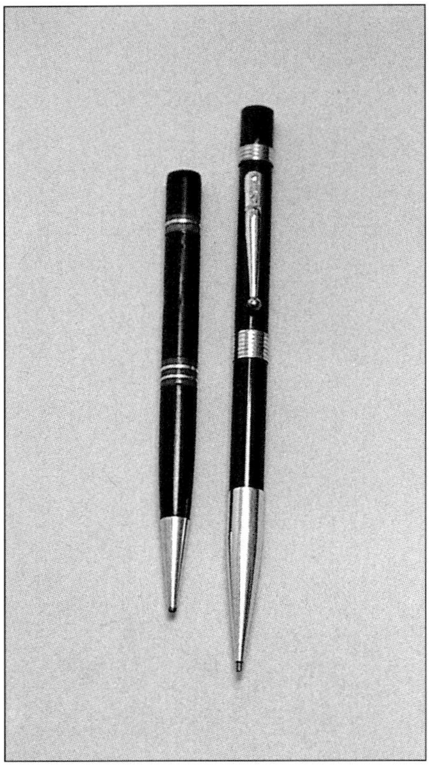

DBS Fyne Point ca. 1930, schwarz, grün-gold — **60,– DM**

DBS Fyne Point ca. 1930, schwarz, verg. Bänder — **75,– DM**

Kiwi ca. 1940, schwarz — **40,– DM**

Swallow ca. 1940, schwarz — **40,– DM**

Jackdow ca. 1930, Red Ripple — **75,– DM**

Jackdow ca. 1940, grau-braun marm. — **100,– DM**

Füller mit Vogelnamen, wie z. B. Blackbird, Kiwi, Swallow und Jackdow gehören zur Mabie Todd Gruppe.

Blackbird Eyedropper ca. 1925, schwarz — **40,– DM**

Blackbird 2/60 ca. 1935, schwarz, Querguilloche — **40,– DM**

Blackbird 2/60 ca. 1935, schwarz, Querguilloche — **40,– DM**

Blackbird ca. 1935, schwarz, 2 vergoldete Bänder — **75,– DM**

Blackbird ca. 1935, schwarz mit Clip — **50,– DM**

Blackbird 5242 ca. 1940, blau marmoriert — **75,– DM**

Blackbird 2 G 2 ca. 1940, grün marmoriert — **100,– DM**

Blackbird ca. 1950, blau marmoriert — **50,– DM**

Blackbird ca. 1950, grün, vergoldete Kappe — **50,– DM**

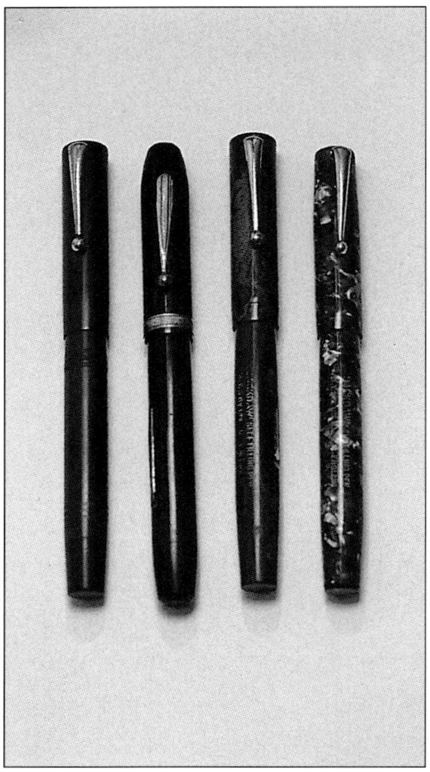

Visofil VT 340/76 ca. 1935, grün marmoriert — **200,– DM**

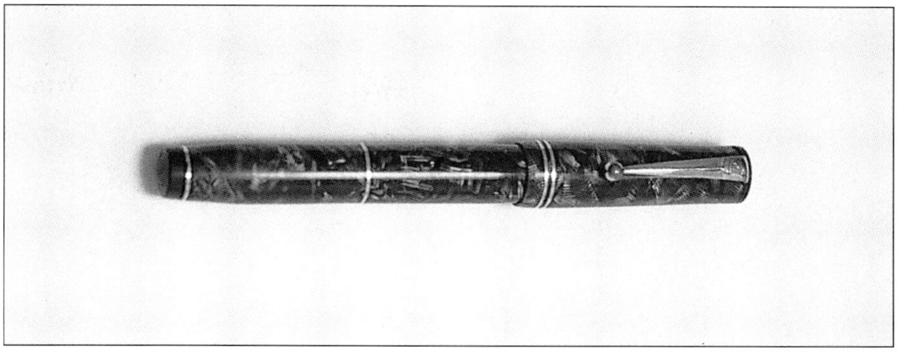

Leverless ca. 1935, vergoldet — **250,– DM**
Leverless L 205/60 ca. 1935, schwarz — **50,– DM**
Leverless L 212/66 ca. 1935, grün-schwarz marmoriert — **125,– DM**
Leverless ca. 1940, schwarz — **50,– DM**
Leverless 312/60 ca. 1940, schwarz — **75,– DM**
Leverless 1060 ca. 1940, schwarz — **100,– DM**
Leverless 42/60 ca. 1945, schwarz — **50,– DM**
Leverless ca. 1945, schwarz — **75,– DM**
Leverless 4er Feder 1950, schwarz — **100,– DM**
Leverless 4er Feder 1950, andere Unifarben — **100,– DM** (ohne Abb.)
Leverless 5er Feder 1950, Unifarben — **150,– DM** (ohne Abb.)
Leverless 6er Feder 1950, grün — **200,– DM**
Leverless 6er Feder 1950, schwarz — **200,– DM**
Leverless 6er Feder 1950, Unifarben — **200,– DM** (ohne Abb.)

SM 2/57 ca. 1935, blau-braun marmoriert — **100,– DM**
SM 100/63 ca. 1940, schwarz-braun marmoriert — **75,– DM**
Swan ca. 1940, grau marmoriert — **75,– DM**
Swan ca. 1940, grün marmoriert — **75,– DM**
Swan ca. 1940, blau marmoriert — **100,– DM**
Swan ca. 1940, grau marmoriert — **100,– DM**
Swan ca. 1940, blau marmoriert — **100,– DM**
SM 205/63 ca. 1940, grün-braun-schwarz — **100,– DM**
SM 100/62 ca. 1940, grün-rot marmoriert — **100,– DM**
6241 ca. 1940, grün marmoriert — **75,– DM**
SM 100/84 ca. 1940, grün marmoriert — **100,– DM**
SM 100/85 ca. 1940, braun marmoriert — **100,– DM**
SM 100/86 ca. 1940, grau marmoriert — **100,– DM**

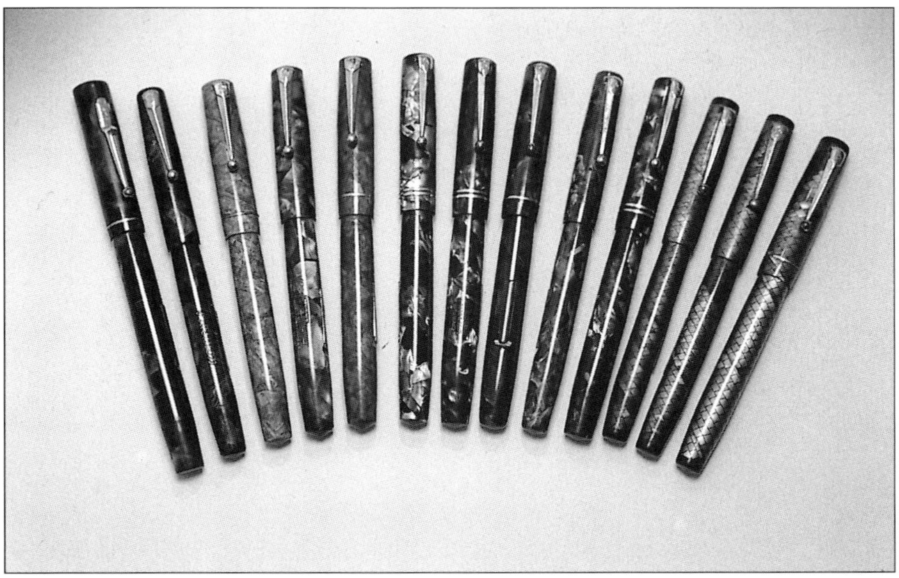

Swan ca. 1940, blau	**50,– DM**
Swan ca. 1940, schwarz	**40,– DM**
Swan ca. 1940, schwarz	**40,– DM**
Swan ca. 1945, schwarz	**40,– DM**
SM 205/60 ca. 1945, schwarz, Wellenguilloche	**40,– DM**
62/60 ca. 1945, schwarz	**40,– DM**

3120 ca. 1950, dunkelblau, 1 Band	**40,– DM**
3130 ca. 1950, grau, 1 Band	**40,– DM**
3140 ca. 1950, dunkelgrün, 1 Band	**40,– DM** (ohne Abb.)
3150 ca. 1950, dunkelbraun, 1 Band	**40,– DM** (ohne Abb.)
3160 ca. 1950, schwarz, 1 Band	**40,– DM** (ohne Abb.)
3220 ca. 1950, dunkelblau, 2 Bänder	**50,– DM** (ohne Abb.)
3230 ca. 1950, grau, 2 Bänder	**50,– DM** (ohne Abb.)
3240 ca. 1950, dunkelgrün, 2 Bänder	**50,– DM**
3250 ca. 1950, dunkelbraun, 2 Bänder	**50,– DM**
3260 ca. 1950, schwarz, 2 Bänder	**50,– DM** (ohne Abb.)

Wahl-Eversharp
(1912 –1957)

DBS vergoldet, Da. größe **50,– DM**
ca. 1920, glatt, rund, Öse
DBS vergoldet, Da. größe **50,– DM**
ca. 1920, V-Muster, Öse
DBS vergoldet, Da. größe **60,– DM**
ca. 1920, glatt, 8eckig, Clip
DBS vergoldet, Da. größe **50,– DM**
ca. 1920, Kästchen, Öse
DBS vergoldet, Da. größe **75,– DM**
ca. 1920, Streifen, Clip
DBS vergoldet, He. größe **75,– DM**
ca. 1920, Streifen
DBS vergoldet, He. größe **75,– DM**
ca. 1920, V-Muster
DBS vergoldet, He. größe **75,– DM**
ca. 1920, glatt
DBS 14 Karat Gold **250,– DM**
ca. 1920, glatt
(Alle Bleistifte von Wahl-Eversharp). In den zwanziger Jahren wurden sehr viele verschiedene Designs produziert, die fast alle preislich gleich zu bewerten sind.

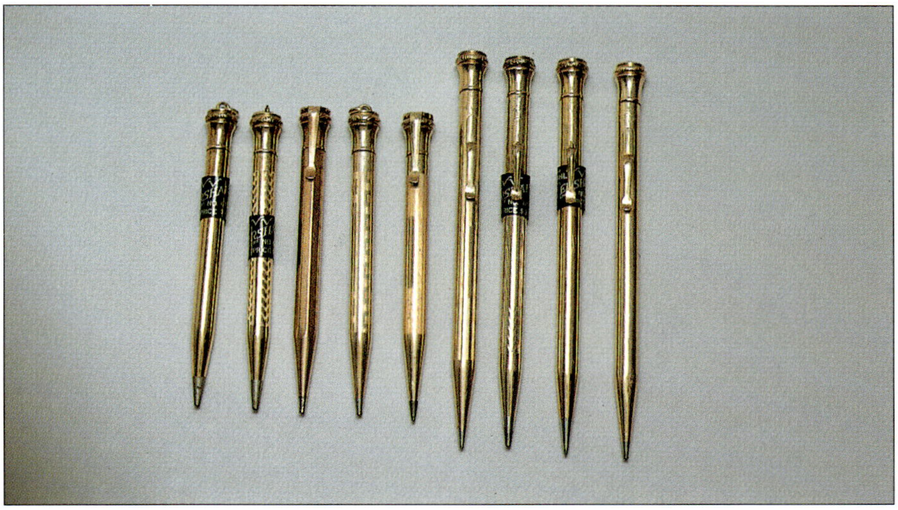

DBS Eversharp 1917, **40,– DM**
vergoldet, glatt, Öse
DBS Wahl-Eversharp 1919, **40,– DM**
vergoldet, Kästchen, Öse
DBS Wahl-Eversharp ca. 1930, **50,– DM**
lila/schwarz, Clip
DBS Eversharp 1926, **60,– DM**
Red Ripple, Öse
DBS Eversharp 1917, **50,– DM**
silberplattiert, glatt, Öse
DBS Wahl-Eversharp 1925, **50,– DM**
orange, Öse
DBS Wahl-Eversharp 1925, **50,– DM**
blau, Öse

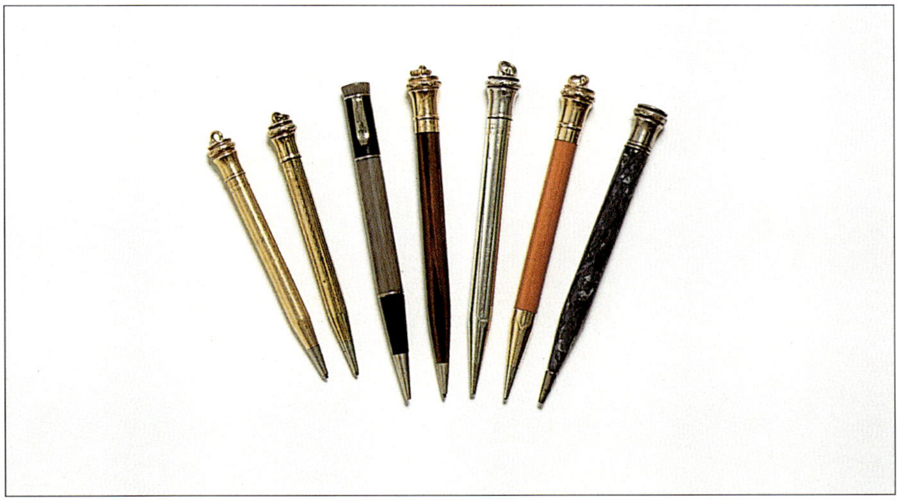

Wahl Pen 1922, **100,– DM**
vergoldet, Kästchen, Öse
Wahl Pen 1922, **125,– DM**
vergoldet, liniert, Clip
Wahl Pen 1925, **125,– DM**
vergoldet, V-Muster, Clip
Wahl-Eversharp Pen **150,– DM**
ca. 1925, vergoldet, scharzes Email
Wahl Pen ca. 1925, **100,– DM**
Art Deco Muster, Clip
Wahl Pen ca. 1925, **100,– DM**
Art Deco Muster, Clip
Wahl Pen ca. 1925, **100,– DM**
Art Deco Muster, Öse

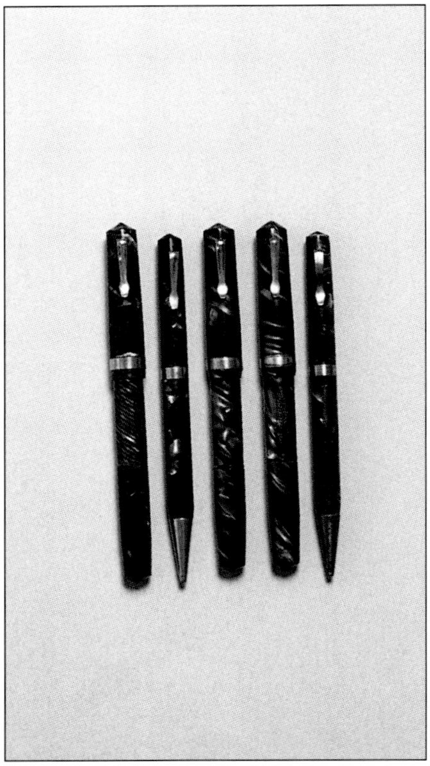

FH Wahl 1933, rot marmoriert	**75,– DM**
DBS Wahl 1933, rot marmoriert	**25,– DM**
FH Wahl 1933, blau marmoriert	**75,– DM**
DBS Wahl 1933, blau marmoriert	**25,– DM** (ohne Abb.)
FH Wahl 1933, grün marmoriert	**75,– DM**
DBS Wahl 1933, grün marmoriert	**25,– DM**

Eversharp Doric 1935, grün marmoriert	**220,– DM**
Eversharp Doric 1935, blau marmoriert	**250,– DM** (ohne Abb.)
Eversharp Doric 1935, schwarz	**200,– DM**
Eversharp Doric DBS 1935, schwarz	**100,– DM**
Eversharp Doric 1935, gold/grün marmoriert	**220,– DM**
Eversharp Doric 1935, silber marmoriert	**220,– DM** (ohne Abb.)

DBS passend zu den Serien, Hälfte des FH Preis.

FH Gold Seal, Wahl-Ev. ca. 1930, schwarz	**125,– DM**
DBS Gold Seal, Wahl-E. ca. 1930, schwarz	**50,– DM**
FH Wahl-Eversharp ca. 1929, black and pearl	**100,– DM**
FH Gold Seal, Wahl-Ev. 1927, black and pearl	**150,– DM**
FH Gold Seal, Wahl-Ev. 1927, grün/gold	**150,– DM** (ohne Abb.)
FH Gold Seal, Wahl-Ev. 1927, schwarz	**100,– DM**
FH Gold Seal, Wahl-Ev. 1927, Red Ripple	**150,– DM** (ohne Abb.)
FH Gold Seal, Wahl-Ev. 1927, blau marmoriert	**200,– DM** (ohne Abb.)

FH Wahl-Eversharp **125,– DM**
ca. 1935, schwarz
DBS Wahl-Eversharp **50,– DM**
ca. 1935, schwarz
FH Wahl-Eversharp **175,– DM**
ca. 1935, grün marmoriert
DBS Wahl-Eversharp **75,– DM**
ca. 1935, grün marmoriert (ohne Abb.)

Wahl-Eversharp Junior **75,– DM**
ca. 1940, grau marmoriert
Wahl-Ever. Pacemaker **150,– DM**
1938, grün marmoriert
Beide Ausführungen gab es in zahlreichen Farben.

DBS Eversharp No. 4 1925, **10,– DM**
schwarz
DBS Eversharp vergoldet **100,– DM**
ca. 1922, gezackte Linien
DBS Ever. Repeater verg. **100,– DM**
1936, Sichtfelder schwarz
DBS Eversharp Repeater **100,– DM**
1936, verg. Kappe – farb. Schaft (ohne Abb.)
DBS Eversharp Repeater **125,– DM**
1936, Rhodium Kappe/grün (ohne Abb.)
DBS Eversharp Repeater **125,– DM**
1936, Rhodium Kappe/rot (ohne Abb.)
DBS Eversharp ca. 1950, **10,– DM**
blau
Diese Liste der Bleistifte stellt nur einen kleinen Auszug aus dem Gesamtsortiment dar.

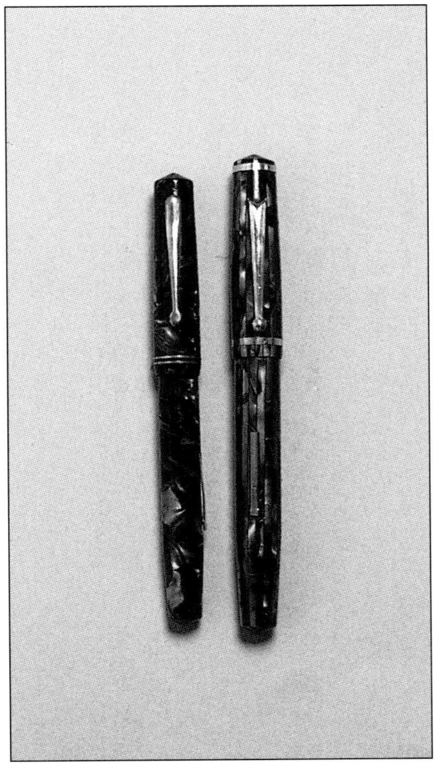

FH Skyline, Eversharp 1941, **125,– DM**
braun, vergoldete Kappe
DBS Skyline, Eversharp 1941, **50,– DM**
rot, vergoldete Kappe
DBS Skyline, Eversharp 1941, **40,– DM**
rot
DBS Skyline, Eversharp 1941, **40,– DM**
grau u. a. Unifarben
FH Skyline, Eversharp 1941, **150,– DM**
blau gestreift (ohne Abb.)
FH Skyline, Eversharp 1941, **150,– DM**
grün gestreift (ohne Abb.)
FH Skyline, Eversharp 1941, **125,– DM**
Schaft uni, Kappe gestr. (ohne Abb.)
FH Skyline, Eversharp 1941, **75,– DM**
Schaft und Kappe uni (ohne Abb.)
DBS Skyline, Eversharp **300,– DM**
1941, 14 Karat
FH Skyline, Eversharp **500,– DM**
1941, 14 Karat

DBS 5th Avenue, Ever. 1944, **150,– DM**
14 Karat/bordeaux
FH 5th Avenue, Ever. 1944, **250,– DM**
14 Karat/bordeaux
Serie gibt es mit blauem, grünem, grauem und schwarzem Unterteil.

Eversharp Symphony 1950, **40,– DM**
grün/verchromt
Eversharp Symphony 1950, **40,– DM**
schwarz/verchromt (ohne Abb.)

Waterman
(1884 – heute)

Eyedropper 2 ca. 1900, schwarz — **75,– DM**
Eyedropper 12 1910, schwarz, Steckkappe — **75,– DM**
Eyedropper 14 1910, schwarz, Steckkappe — **100,– DM** (ohne Abb.)
Eyedropper 15 1910, schwarz, Steckkappe — **150,– DM** (ohne Abb.)
Eyedropper 18 1910, schwarz, Steckkappe — **300,– DM** (ohne Abb.)
Eyedropper 20 1910, schwarz, Steckkappe — **600,– DM** (ohne Abb.)
Eyedropper 74 ca. 1910, schwarz, Schraubkappe — **200,– DM**
Eyedropper 75 ca. 1910, schwarz, Schraubkappe — **250,– DM**

552 1/2 LEC ca. 1915, 9 Karat Gold — **500,– DM**
0552 1/2 Sheraton ca. 1915, vergoldet — **200,– DM**
552 ca. 1915, 9 Karat Gold — **750,– DM**
0552 Gothic ca. 1915, vergoldet, ohne Clip — **400,– DM**
452 Gothic Sterling ca. 1915, mit Clip — **400,– DM**

412 1/2 V. S. Baby 1920, Safety in Sterling Silber — **250,– DM**
452 1/2 V Gothic 1920, Hebelfüller in Sterling — **200,– DM**
452 1/2 V Sheraton 1920, Hebelfüller in Sterling — **200,– DM**
0552 1/2 V Sheraton 1920, Hebelfüller vergoldet — **225,– DM**
DBS Filigree 1920, vergoldet — **75,– DM**

Alle Modelle waren in verschiedenen Federgrößen, Vergoldungen, mit Silberverzierungen und in massiv Gold erhältlich.

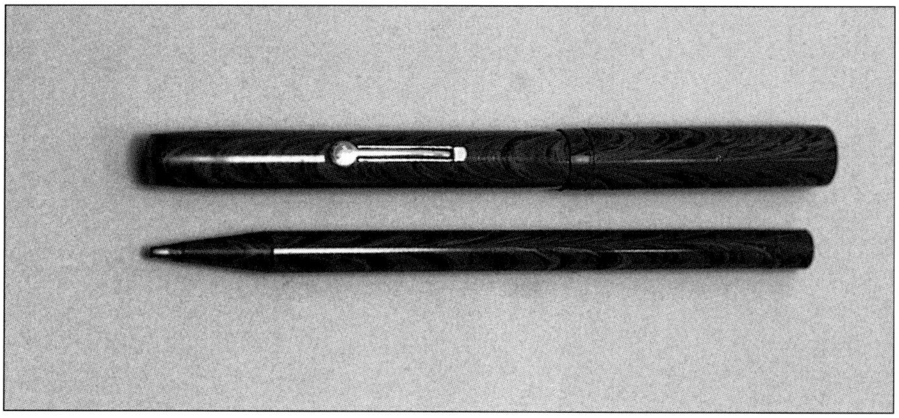

52 $^{1}/_{2}$ V 1923, **100,– DM**
rot marmoriert (ohne Abb.)
DBS Red Ripple 1923, **100,– DM**
rot/braun marmoriert
52 Red Ripple 1923, **200,– DM**
rot/braun marmoriert
54 Red Ripple 1923, **250,– DM**
rot/braun marmoriert (ohne Abb.)
55 Red Ripple 1923, **300,– DM**
rot/braun marmoriert, 9 Karat
56 Red Ripple 1923, **500,– DM**
rot/braun marmoriert
58 Red Ripple 1923, **700,– DM**
rot/braun marmoriert (ohne Abb.)
7 Red Ripple 1923, **400,– DM**
dito mit braunem Band
DBS Red Ripple 1923, **200,– DM**
mit 9 Karat Beschlägen
Modell 7 gab es mit verschiedenen Farbcodes. Diese bezogen sich auf die Federbreite.

52 Red Ripple 1923, **225,– DM**
ohne Kappenband
DBS Red Ripple 1923, **125,– DM**
ohne Kappenband

92 $^{1}/_{2}$ 1925, **100,– DM**
schwarz
52 $^{1}/_{2}$ V 1925, **75,– DM**
schwarz
52 $^{1}/_{2}$ 1925, **125,– DM**
schwarz
0652 1925, **150,– DM**
schwarz, 2 vergold. Bänder
52 1925, **100,– DM**
schwarz
54 1925, **150,– DM**
schwarz (ohne Abb.)
55 1925, **200,– DM**
schwarz
56 1925, **350,– DM**
schwarz
58 1925, **450,– DM**
schwarz (ohne Abb.)

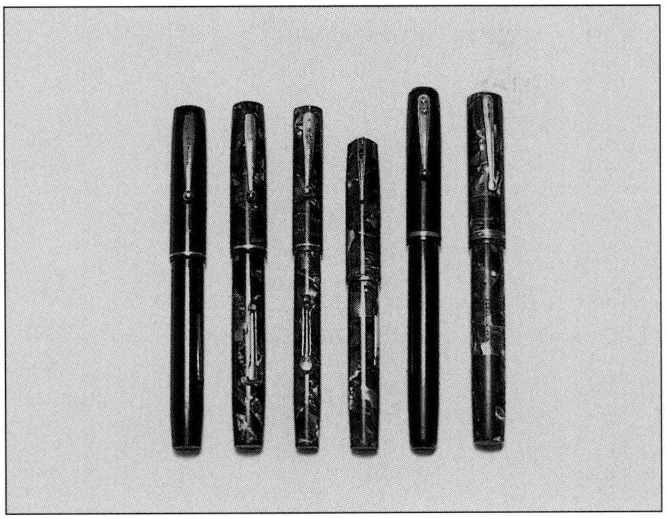

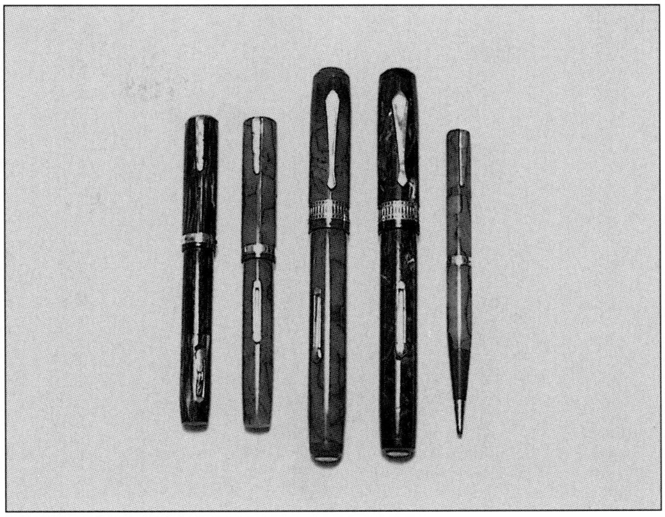

Lady Patrician Ink Vue 1936, rot marmoriert	**250,– DM**
Lady Patrician Ink Vue 1936, grau marmoriert	**250,– DM** (ohne Abb.)
Lady Patrician Ink Vue 1936, schwarz (ohne Abb.)	**250,– DM**
Lady Patrician 1930, onyx	**200,– DM**
Lady Patrician 1930, schwarz (ohne Abb.)	**200,– DM**
Lady Patrician 1930, grün (ohne Abb.)	**225,– DM**
Lady Patrician 1930, moss agate (grün/braun)	**225,– DM** (ohne Abb.)
Lady Patrician 1930, blau/gold (ohne Abb.)	**250,– DM**
Patrician 1929, onyx	**750,– DM**
Patrician 1929, schwarz (ohne Abb.)	**750,– DM**
Patrician 1929, grün (ohne Abb.)	**900,– DM**
Patrician 1929, moss agate (grün/braun)	**900,– DM**
Patrician 1929, blau/gold (ohne Abb.)	**1000,– DM**
DBS Lady Patrician 1930, je Ausführung	**75,– DM**
DBS Patrician 1929, je Ausführung (ohne Abb.)	**200,– DM**

Waterman 7 1930, schwarz	**200,– DM**
Waterman 5 1930, schwarz (ohne Abb.)	**125,– DM**
32 1933, schwarz	**60,– DM**
32 1933, grün marmoriert	**125,– DM**
32 $^1/_2$ 1931, grün marmoriert	**100,– DM**
3 V 1933, schwarz (ohne Abb.)	**60,– DM**
3 V 1933, grau/braun marmoriert	**75,– DM**
92 1932, schwarz	**60,– DM**
92 1932, grau marmoriert (ohne Abb.)	**100,– DM**
92 1932, grün/gold marmoriert (ohne Abb.)	**100,– DM**
92 1932, rot/gold marmoriert (ohne Abb.)	**100,– DM**
94 1932, schwarz (ohne Abb.)	**75,– DM**
94 1932, grau/rot marmoriert	**125,– DM**
94 1932, grün/gold marmoriert (ohne Abb.)	**125,– DM**
94 1932, rot/gold marmoriert (ohne Abb.)	**125,– DM**

Junior ca. 1935, schwarz	**60,– DM**
Junior ca. 1935, kupfer marmoriert	**100,– DM**
Junior ca. 1935, blau marmoriert	**100,– DM**
Ink Vue 1935, schwarz	**150,– DM**
Ink Vue 1935, silber marmoriert	**200,– DM** (ohne Abb.)
Ink Vue 1935, rot marmoriert	**200,– DM** (ohne Abb.)
Ink Vue 1935, grün marmoriert	**200,– DM** (ohne Abb.)
DBS 1932, grau marmoriert	**75,– DM**
DBS ca. 1945, rot marmoriert	**60,– DM**
DBS ca. 1960, schwarz	**30,– DM**
W 3 ca. 1950, grün	**40,– DM**
W 3 ca. 1950, schwarz u. a. Unifarb. (ohne Abb.)	**40,– DM**
W 3 ca. 1950, blau gestreift	**100,– DM**
W 3 ca. 1950, grün gestr. u. a. marm. (ohne Abb.)	**75,– DM**
W 5 ca. 1950, schwarz	**50,– DM**
W 5 ca. 1950, andere Unifarben (ohne Abb.)	**50,– DM**
W 5 ca. 1950, grün gestreift	**100,– DM**
W 5 ca. 1950, blau gestreift u. a. marm. (ohne Abb.)	**125,– DM**

503 (roter Punkt) ca. 1950, FH für Buchführung — **75,– DM**
503 (weißer Punkt) ca. 1950, FH für Stenografie — **75,– DM** (ohne Abb.)
503 ca. 1950, schwarz — **40,– DM**
503 ca. 1950, andere Farben — **40,– DM** (ohne Abb.)

512 ca. 1950, grau marmoriert — **60,– DM**
512 ca. 1950, andere marm. — **60,– DM** (ohne Abb.)

513 ca. 1950, blau marmoriert — **75,– DM**
513 ca. 1950, schwarz — **60,– DM**
513 ca. 1950, grau marmoriert — **75,– DM**
513 ca. 1950, andere marm. — **75,– DM** (ohne Abb.)
515 ca. 1950, rot — **60,– DM**
DBS zu 515 ca. 1950, rot — **25,– DM**
515 ca. 1950, dunkelbraun — **75,– DM**
515 ca. 1950, blau — **60,– DM**
515 ca. 1950, andere Farben — **60,– DM** (ohne Abb.)

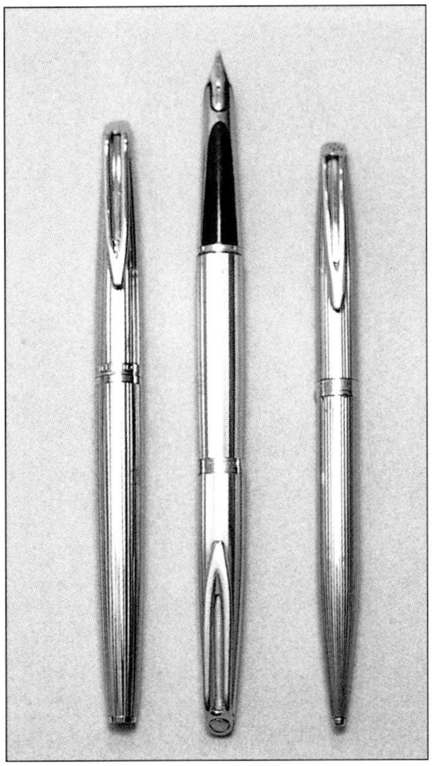

FH CF 1953, versilbert	**60,– DM**
KS CF 1953, versilbert	**30,– DM** (ohne Abb.)
FH CF 1953, Sterling Silber	**150,– DM** (ohne Abb.)
KS CF 1953, Sterling Silber	**60,– DM** (ohne Abb.)
FH CF 1953, vergoldet	**150,– DM**
KS CF 1953, vergoldet	**60,– DM** (ohne Abb.)
FH CF 1953, 18 Karat Gold	**600,– DM** (ohne Abb.)
KS CF 1953, 18 Karat Gold	**400,– DM**

One Hundred Year Pen 1939, schwarz	**200,– DM**
Watermans ca. 1940, schwarz	**125,– DM**
Taperite 1948, Lady, blau/vergoldet	**60,– DM**
Taperite 1948, schwarz/vergoldet	**75,– DM**
Taperite ca. 1960, rot/Edelstahl	**25,– DM**

Den 100 Year Pen gab es im Damen- und Herrenformat in verschiedenen Farben.

Waterman 1970, Lady, Edelstahl	**30,– DM**
Waterman 1970, Edelstahl	**40,– DM**
Waterman 1970, lila	**40,– DM**
Waterman 1970, schwarz/gold	**40,– DM**
Waterman 1970, braun	**40,– DM** (ohne Abb.)

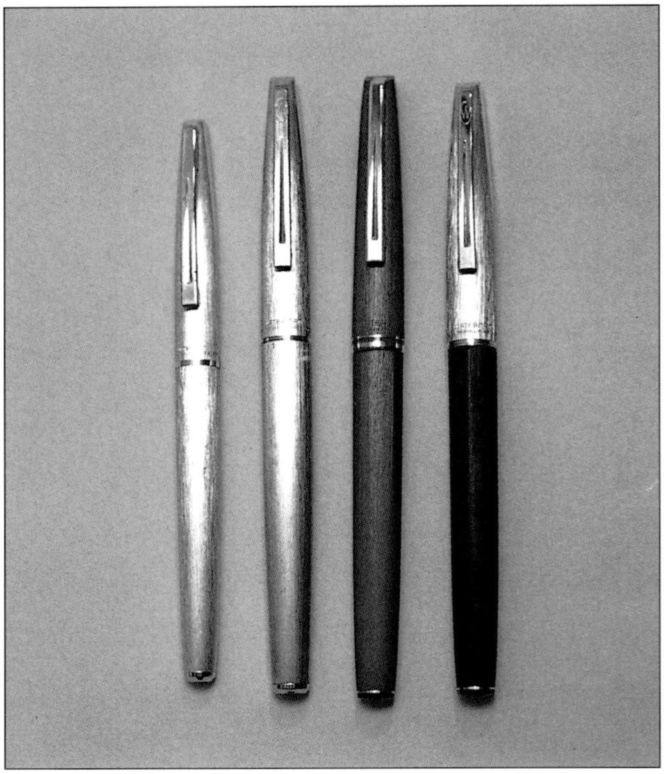

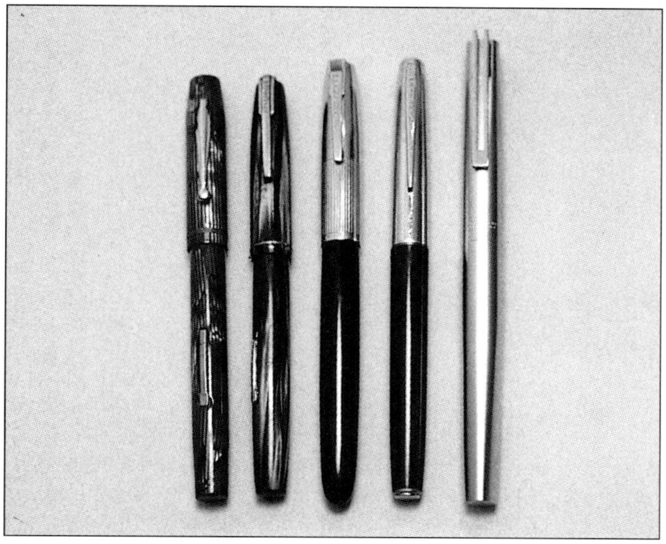

Skywriter ca. 1940, **125,– DM**
grau gestreift
Waterman's ca. 1950, **75,– DM**
braun marmoriert
Waterman's 1950, **60,– DM**
schwarz/gold
Waterman's ca. 1970, **30,– DM**
schwarz/Edelstahl
Waterman Man 1967, **150,– DM**
Edelstahl
Waterman Man 1967, **150,– DM**
schwarz (ohne Abb.)

Man 200 blau/Rhapsody LP 450,– DM
1990, blau marmoriert

Man 200 Kaviar 1990, **LP 450,– DM**
weiß marmoriert
Man 200 Rhapsody LP 450,– DM
ca. 1990, Lack/Holzstruktur
Man 100 Arlequin 1991, **LP 560,– DM**
schwarz mit Routen
Man 100 Opera ca. 1989, **LP 560,– DM**
schwarz mit Wellen
FH Man 100 Sterling LP 1200,– DM
ca. 1988, Sterling Silber
KS Man 100 Sterling LP 650,– DM
ca. 1988, Sterling Silber

Man 100 Patrician FH LP 690,– DM
1992, grün marmoriert

Man 100 Patrician KS LP 370,– DM
1992, grün marmoriert
Man 100 Patrician FH LP 690,– DM
1992, blau marmoriert
Man 100 Patrician KS LP 370,– DM
1992, blau marmoriert
Man 100 Patrician FH LP 690,– DM
1992, rot marmoriert
Man 100 Patrician KS LP 370,– DM
1992, rot marmoriert

Edson FH 1992, **LP 1200,– DM**
blau/gold
Edson KS 1992, **LP 620,– DM**
blau/gold

Wearever

DBS ca. 1930, black and pearl — **30,– DM**

DBS ca. 1930, rot gestrichelt — **30,– DM**

DBS ca. 1940, schwarz/grün — **30,– DM**

DBS ca. 1940, grün marmoriert — **25,– DM**

DBS ca. 1940, rot marmoriert — **25,– DM**

Combi FH/DBS ca. 1940, rot — **50,– DM**

FH ca. 1935, black and pearl — **75,– DM**

FH ca. 1935, black and pearl — **50,– DM**

FH ca. 1940, weiß-schwarz gestreift — **50,– DM**

FH ca. 1940, grün/braun marmoriert — **50,– DM**

De Luxe 100 ca. 1950, rot/schwarz marmoriert — **50,– DM**

De Luxe 100 ca. 1950, grün marmoriert — **50,– DM**

De Luxe ca. 1950, grau gestreift — **50,– DM**

FH ca. 1950, rot marmoriert — **30,– DM**

FH ca. 1960, schwarz — **20,– DM**

FH ca. 1960, blau/Edelstahl — **20,– DM**

FH ca. 1960, grün/vergoldet — **20,– DM**

DBS ca. 1960, grün/vergoldet — **10,– DM**

Diverses

Ingersoll no. 1 1/2 1925, rot	**150,– DM**
Ingersoll no. 1 1/2 1925, braun	**150,– DM**
DBS Ingersoll no. 1323 1925, vergoldet	**50,– DM**
DBS Ingersoll no. 1329 1925, vergoldet	**50,– DM**
DBS Ingersoll no. 320 B 1925, versilbert	**30,– DM**
Ingersoll Dollar Pen 1925, Metallgehäuse	**75,– DM**
Eagle ca. 1930, grün marmoriert	**250,– DM**
Eagle ca. 1930, black and pearl	**250,– DM**
Eagle ca. 1940, blau/grau marmoriert	**40,– DM**
Eagle ca. 1940, rosa/rot marmoriert	**40,– DM**

Welsh Combo ca. 1935, rot marmoriert — **100,– DM**
No name Combo ca. 1935, grün marmoriert — **100,– DM**
Astoria Combo ca. 1950, schwarz — **40,– DM**

Big Ben ca. 1940, schwarz — **40,– DM**
Caesar ca. 1950, grau gestreift — **50,– DM**
Caesar ca. 1950, blau marmoriert — **75,– DM**
True Point ca. 1950, rot — **40,– DM**
True Point ca. 1950, schwarz — **50,– DM**
Osmiroid ca. 1960, rot — **20,– DM**
Rex 110 ca. 1960, grau — **25,– DM**

No name ca. 1925, Damenfüllhalter vergoldet — **75,– DM**
Broadway ca. 1930, vergoldet/Streifenguilloche — **125,– DM**
B. B. ca. 1960, vergoldet/grün — **40,– DM**
No name ca. 1960, vergoldet — **40,– DM**
Penman ca. 1960, Aluminium — **40,– DM**

Camel ca. 1935, 75,– DM
schwarz
Summit ca. 1940, 30,– DM
grau
Moore 72a ca. 1940, 25,– DM
schwarz
Ink-D-Cator ca. 1940, 25,– DM
schwarz
No name ca. 1940, 75,– DM
schwarz, Wellenguilloche
No name ca. 1940, 40,– DM
schwarz, glatt

Wyvern No. 60 ca. 1945, 75,– DM
grau gestrichelt
Wyvern No. 60 ca. 1945, 75,– DM
braun gestrichelt
Wyvern Perfect ca. 1945, 40,– DM
grün marmoriert
Wyvern ca. 1945, 60,– DM
rot marmoriert
Wyvern 404 ca. 1950, 30,– DM
dunkelbraun
Summit ca. 1945, 40,– DM
grün marmoriert

Conklin Endura ca. 1940, 75,– DM
schwarz
Croxley ca. 1950, 25,– DM
schwarz
Croxley ca. 1950, 60,– DM
braun marmoriert
Hoover 336 ca. 1940, 100,– DM
braun marmoriert
Hoover 873 ca. 1950, 50,– DM
grau marmoriert
Acca 84 ca. 1950, 50,– DM
rot marmoriert
Miller 697 ca. 1940, 100,– DM
braun marmoriert
Cleveland ca. 1940, 75,– DM
braun marmoriert
National Security ca. 1940, 75,– DM
blau/gold marmoriert
Welsh ca. 1950, 40,– DM
braun marmoriert
Nova ca. 1950, 50,– DM
grau marmoriert
Gold Medal ca. 1950, 40,– DM
rot gestreift
Chatsworth ca. 1950, 40,– DM
grau marmoriert

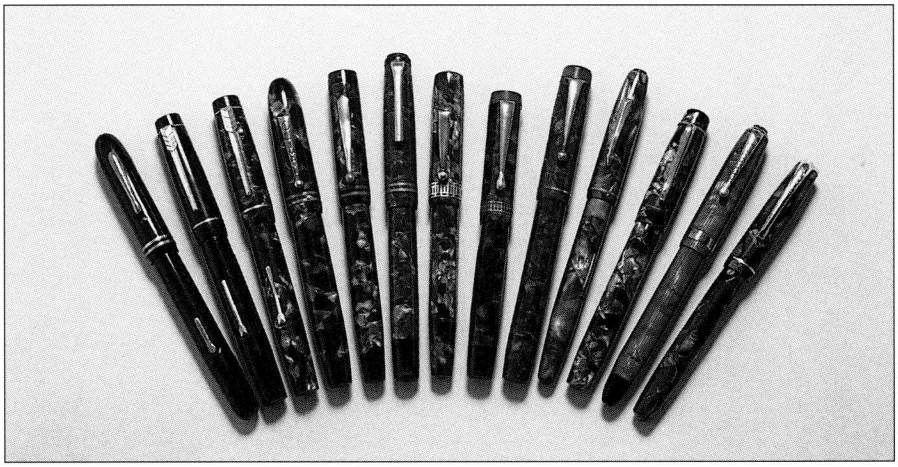

Lewis ca. 1925, Red Ripple	**150,– DM**
No name ca. 1925, Red Ripple	**125,– DM**
Townsend ca. 1925, Red Ripple	**200,– DM**
Lincoln ca. 1925, Red Ripple	**250,– DM**

No name ca. 1930, grüner Damenfüller	**50,– DM**
Cameron ca. 1930, schw. Schachbrettmuster	**100,– DM**
No name ca. 1930, schwarze Wellenguilloche	**30,– DM**
No name ca. 1930, schwarz, glatt	**50,– DM**
Eclipse ca. 1930, schwarz	**50,– DM**
Kingswood ca. 1935, grün marmoriert	**50,– DM**
No name ca. 1930, schwarz, 2 Bänder	**75,– DM**
Chilton 1935, rot mit Initialen	**100,– DM**

Accurate ca. 1930, orange	**200,– DM**
Pyralin ca. 1930, grün gestreift	**200,– DM**
Ambassador ca. 1930, grün marmoriert	**200,– DM**
No name ca. 1940, schwarz, Skylineform	**100,– DM**
No name ca. 1935, schwarz	**100,– DM**
Poker ca. 1930, grün marmoriert	**100,– DM**

No name ca. 1930, Glasfeder, Glaskörper	**50,– DM**
Ambassador ca. 1930, grün marmoriert	**100,– DM**
Lincoln ca. 1930, orange	**150,– DM**
Boston ca. 1950, rot marmoriert	**30,– DM**

Combo no name ca. 1940, beige	**30,– DM**
Wyvern Combina No. 1 ca. 1940, schwarz	**100,– DM**
Combi no name ca. 1930, grün	**150,– DM**
Combi Packard ca. 1940, schwarz/gold	**150,– DM**

Mentmore ca. 1950, schwarz	**25,– DM**
Mentmore ca. 1950, grün marmoriert	**50,– DM**
Mentmore ca. 1950, braun marmoriert	**50,– DM**
Mentmore ca. 1950, blau marmoriert	**50,– DM**

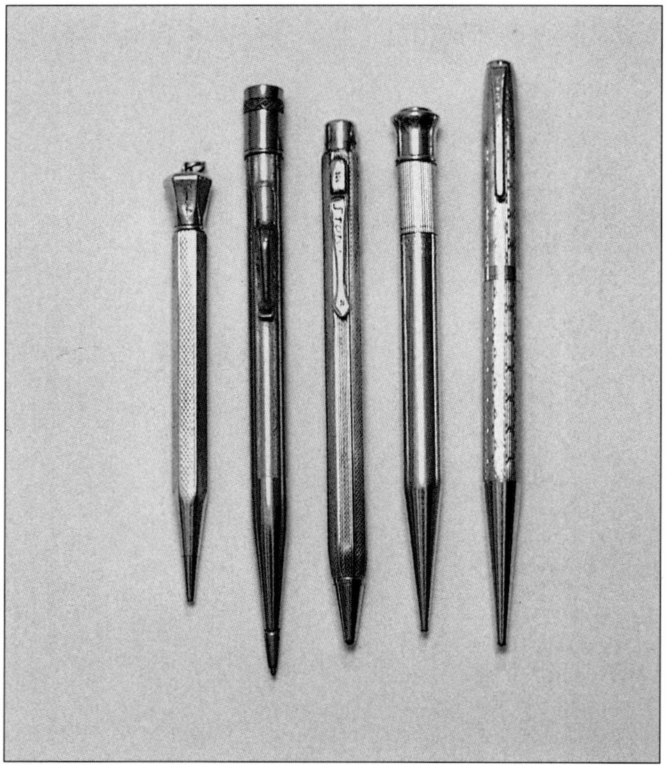

Life Long ca. 1930, Sterling Silber	**30,– DM**
Brevete ca. 1940, versilbert	**25,– DM**
Stator ca. 1930, 900er Silber	**40,– DM**
Mordan ca. 1930, vergoldet	**40,– DM**
Yard-o-Led ca. 1940, vergoldet, Wellenguilloche	**75,– DM**

Bleistift/Lineal ca. 1950, Sterling, ausziehbar	**100,– DM**

Napi 3-Farb Blei ca. 1940, blau	**40,– DM**
Big Ben ca. 1950, grün gestrichelt	**40,– DM**
Big Ben ca. 1950, grün gestrichelt	**60,– DM**
No name ca. 1960, grau/rot marmoriert	**25,– DM**
Presspoint ca. 1940, grün marmoriert	**40,– DM**
Bittwell ca. 1940, grün marmoriert	**40,– DM**
No name ca. 1940, braun/weiß/blau marmoriert	**40,– DM**

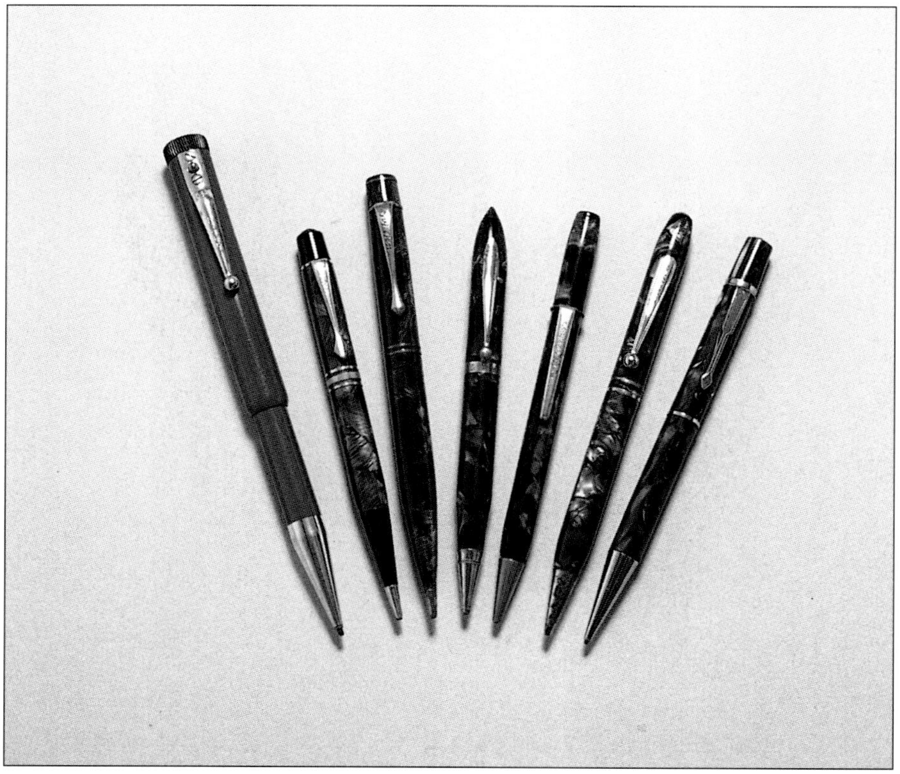

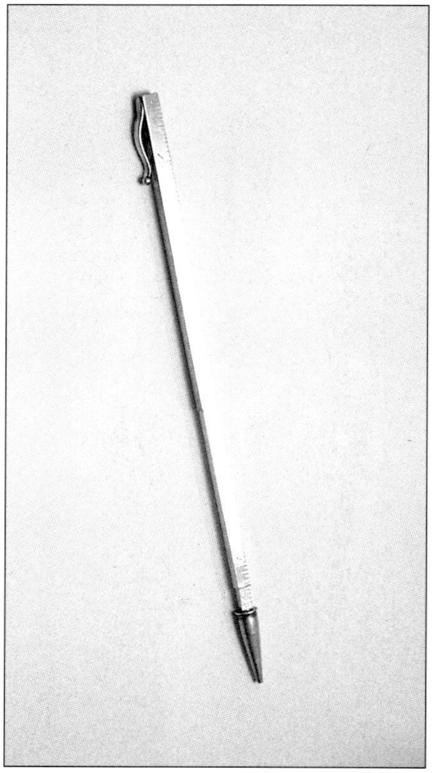

Luxor 59 ca. 1940, rot gestrichelt	**75,– DM**
Luxor ca. 1940, gold marmoriert	**75,– DM**
Luxor 101c ca. 1945, rot marmoriert	**50,– DM**
Luxor 366 ca. 1945, braun-vergoldete Kappe	**50,– DM**
Luxor ca. 1960, schwarz/Edelstahl	**10,– DM**
Luxor Steno ca. 1965, schwarz/Edelstahl	**5,– DM**

Matador Express 810 ca. 1945, schwarz	**30,– DM**
Matador Express 814 ca. 1945, schwarz	**40,– DM**
Matador Click 002 ca. 1950, schwarz	**30,– DM**

Brause ca. 1940, schwarz	**40,– DM**
Brause 3030 ca. 1950, schwarz	**30,– DM**
Brause 3032 transparent ca. 1960, 2-Stufen-Tank	**75,– DM**
Brause 3033 ca. 1950, schwarz	**30,– DM**
Brause 3050 ca. 1960, schwarz	**20,– DM**
Brause 3033 ca. 1960, 2-Stufen-Tank schwarz	**40,– DM**
Brause 3000 ca. 1960, schwarz	**30,– DM**